戦略研究 15

〈特集〉サイバー領域の新戦略

戦略研究学会

戦略研究 15 ● 目次

〈特集〉サイバー領域の新戦略

論文
サイバー空間の安全保障戦略
　　　　　　　　　　　　　　　　　　　　　　加藤　朗　*3*

研究ノート
サイバー・セキュリティに関する国際法の考察
　　──タリン・マニュアルを中心に──
　　　　　　　　　　　　　　　　　　　　　　河野　桂子　*25*

海外論文翻訳
サイバー戦争は起こらない？
　　　　　　　　　　　　　　トマス・リッド（宮内伸崇訳）　*47*

論文
防衛省・自衛隊による
非伝統的安全保障分野の能力構築支援
　　──日本の国際協力政策の視点から──
　　　　　　　　　　　　　　　　　　　　　　本多　倫彬　*85*

論文
オペレーションと製品の環境配慮
　　──持続可能成長戦略による変革──
　　　　　　　　　　　　　　　　　　　　　　鵜殿　倫朗　*107*

論文
アメリカ公民権運動の政治学
　　──スマート・パワーの観点から読み解く──
　　　　　　　　　　　　　　　　　　　　　　横地　徳広　*127*

書評

土屋大洋著『ネットワーク・ヘゲモニー ―「帝国」の情報戦略』
　　　　　　　　　　　　　　　　　　　　　　　　加藤　朗　145

荒山彰久著『日本の空のパイオニアたち―明治・大正18年間の航空開拓史』
　　　　　　　　　　　　　　　　　　　　　　　　源田　孝　154

マーチン・ファン・クレフェルト著、源田孝監訳『エア・パワーの時代』
　　　　　　　　　　　　　　　　　　　　　　　　小野　圭司　162

税所哲郎著『中国とベトナムのイノベーション・システム―産業クラスターによるイノベーション創出戦略【第2版】』　　　山田　敏之　170

文献紹介

James Clay Moltz, *The Politics of Space Security: Strategic Restraint and the Pursuit of National Interests, Second Edition* ［宇宙の安全保障をめぐる政治：戦略的自制と国益の追求、第2版］（福島康仁）179

赤木完爾、今野茂充編著『戦略史としてのアジア冷戦』（関根大助）180

森本敏編著『武器輸出三原則はどうして見直されたのか？』（加藤　朗）180

久保文明編『アメリカにとって同盟とは何か』（小川健一）182

川村康之先生のご逝去を悼む　　　　　　　　　　　戸部　良一　186

戦略研究学会創設に貢献した故・川村康之理事　　　杉之尾宜生　187

編集後記　190
投稿規定・執筆要領　193
入会案内　197
英文目次　200
執筆者紹介　201
学会編集図書一覧　202

> 論 文

サイバー空間の安全保障戦略

加藤　朗

はじめに

　昨今、サイバー・セキュリティへの関心が高まっている。最近7年の間に、次のような世界の耳目を集めたサイバー・セキュリティに関する事件が起きている。2007年4月に始まるタリン事件*1、2010年9月のスタックスネット事件*2、2012年10月のフアーウエイ社事件*3、2013年6月のスノーデン事件*4 など、これら国際的な反響を呼んだ事件以外にも2012年夏に日本で発生した一連のPC遠隔操作事件などサイバー・セキュリティに関する話題や報道を見聞きしない日はない。

　とはいえ関心が高まれば高まるほど、サイバー・セキュリティとは何かについて混乱が起き、コンピュータやネットに関係する事件や犯罪はひとくくりにサイバー・セキュリティの問題として扱われる。たとえばスタックスネット事件はコンピュータ・システムに対するサイバー攻撃であり、他方スノーデン事件はネット情報に対する監視というサイバー攻撃（あるいは脅威）である。また個人や会社などへの犯罪に対するサイバー・セキュリティと国家の安全保障としてのサイバー・セキュリティも区別なく論じられる傾向にある。

　混乱が生ずる原因の一つは、サイバー・セキュリティの概念があいまいなことにある。ある人にとってサイバー・セキュリティはコンピュータやネットの情報やシステムの安全であり、ある人にとっては詐欺、窃取などネット犯罪からの防犯であり、またある人にとっては他国からのサイバー攻撃に対する国家安全保障であったりする。

　サイバー・セキュリティの概念があいまいな背景には、サイバー（Information and Communication Technology: ICT）領域とセキュリティ（安全保障）領域のそれぞれの専門家が自らの専門領域にしたがってサイバ

ー・セキュリティを理解しようとすることにあるのではないか。たとえばサイバーの専門家にとってサイバー・セキュリティの最大の課題は危機管理の考えのもと、ネットワークの防護壁を強固にし、マルウエアの侵入を防いで強靭なサイバー空間を構築するためのコンピュータのソフトウエア開発やネットのシステム構築にある。他方安全保障の専門家は多くの場合伝統的な国家安全保障や軍事安全保障の脅威対処の概念でサイバー・セキュリティを考える。その証拠に攻撃、テロ、兵器など従来の安全保障用語に接頭辞として「サイバー」をつけ、サイバー戦、サイバー攻撃、サイバー・テロ、サイバー兵器などの用語を用いてサイバー・セキュリティを論じようとする。

これはちょうど核セキュリティが「核燃料物質、その他の放射性物質、その関連施設及び輸送を含む関連活動を対象にした犯罪行為又は故意の違反防止、検知及び対応」*5 とセキュリティの意味合いが基本的に「防護」にあるのに似ている。核セキュリティのセキュリティは国家安全保障や軍事安全保障などの安全保障の意味ではない。核セキュリティは核セキュリティであって、軍事志向の核安全保障とは異なる。同様にサイバー専門家にとってはサイバー・セキュリティもサイバー・セキュリティであってサイバー安全保障とは異なるようだ。その一方で安全保障の専門家も国家安全保障や軍事安全保障の観点からサイバー・セキュリティをサイバー安全保障としてとらえ、サイバー戦略を立案するようになってきている*6。

以上のようにサイバー・セキュリティの概念が曖昧な現状に鑑み、本論ではこれまでサイバーの専門家から論議されることの多かったサイバー・セキュリティの概念をサイバー攻撃*7 の視点から整理を行い、安全保障の視点から見たサイバー戦略とは何かを考察する。

I　サイバー攻撃とは何か

まずはサイバー・セキュリティが対象とするサイバー攻撃とは何か、その形態や特徴について分析する。

1．サイバー攻撃の形態

サイバー・セキュリティが対象とするサイバー攻撃は二つに大別できる。システムに対するサイバー攻撃と情報に対するサイバー攻撃である。

前者のシステムに対するサイバー攻撃とは、単独で使うパソコンやワーク

ステーション、メインフレームなどのコンピュータのシステムやこれらのコンピュータをつないでネットワーク化するルーターやサーバーなどサイバー空間内の内部システムに対するサイバー攻撃およびコンピュータやネットに電力を供給する電力システム、ネットワークを利用する金融システム、交通システムなどのサイバー空間外の外部システムに対するサイバー攻撃である。具体的にはサイバー空間内外のシステムの機能を麻痺させたり機能を破壊したりするサイバー攻撃である。

他方、後者の情報に対するサイバー攻撃とは、コンピュータやネットにあるサイバー空間内のデータやコンテンツなどのデジタル化された個人や会社、国家などの情報へのサイバー攻撃およびサイバー空間外における個人の信用、会社の評判、世論などの外部情報へのサイバー攻撃である。具体的には前者のサイバー攻撃にはデータの窃取、窃視、改変、コンテンツの偽造、改竄があり、後者にはブログやメールによる誹謗、中傷、脅迫やプロパガンダによる世論誘導がある。

システムと情報に対するサイバー攻撃を生み出す手段には非物質手段と物質手段がある。非物質手段とはマルウエアと呼ばれる悪意あるソフトウエアである。物質手段とはテロ、破壊工作、武力等の物理的暴力である。

これらを組み合わせると図1になる＊8。

図1 サイバー攻撃の分類

	サイバー空間内（仮想領域）	サイバー空間外（現実領域）
非物質手段	①内部システムへのサイバー攻撃 ②内部情報へのサイバー攻撃	③外部システムへのサイバー攻撃 ④外部情報へのサイバー攻撃
物質手段	⑤内部システムへのサイバー攻撃 ⑥内部情報へのサイバー攻撃	⑦外部システムへのサイバー攻撃 ⑧外部情報へのサイバー攻撃

次に個々のサイバー攻撃について、具体的に検証していく。
（1）非物質手段によるサイバー空間内のサイバー攻撃
①内部システムへのサイバー攻撃
コンピュータのソフトウエアに悪影響を与えコンピュータやネットの機能麻痺や機能破壊をもたらす Logic Bomb、Virus、Worm などのマルウエアによるサイバー攻撃（本章末尾の「サイバー攻撃の一覧」を参照）である。麻痺や破壊だけではなく、外部からコンピュータやネットにアクセスできない

ようにする Dos や DDos による着信妨害（サービス妨害）や、他人のコンピュータに侵入して遠隔操作をする Bot などのサイバー攻撃もある。着信妨害の有名な事例としてタリン事件がある。2007年4月に始まった DDos によるエストニアの首都タリンの基幹インフラへのサイバー攻撃である。政府や報道機関のサイトが外部からアクセスできなくなり、またインターネット・バンキングが集中的に攻撃され金融機能が一時的に麻痺した。

　②内部情報へのサイバー攻撃

　Phissing や Cross-Site Scripting による暗証番号、カード番号、パスワードなどの窃取、SQL によるホームページの改竄、Passive Wiretapping による秘密情報や個人情報の窃視、Trojan Horse による情報流失などのサイバー攻撃である。インターネット・バンキングや Facebook のような SNS が発展するにつれ、サイバー空間内部のデータやコンテンツ情報の重要性がまし、それにつれてサイバー攻撃の頻度も高まっている。サイバー攻撃のほとんどが、これら主に金銭目的や個人的動機に基づく情報へのサイバー攻撃である。

　情報窃取の事例では、2011年4月に Play Station Network から個人情報が大量に窃取される事件が起こった*9。身近な情報改竄の事例は、2013年11月のドンキホーテ HP が別のサイトに誘導されるように改竄され、情報が窃取される事件が起こった*10。似たような事件は三井住友や東京三菱 UFJ など大手の銀行 HP でもあり、暗証番号が窃取される事件が今でも続発している。

　他方、国家が政治目的で情報を監視するサイバー攻撃もある。中国、ロシアなど一部の国では検閲のためにメールやブログを監視している。特に中国は200万人もの監視員を動員してブログやソーシャルメディアを検閲しているといわれる*11。他方、スノーデン事件で明らかになったが、アメリカ国家安全保障局（NSA）は PRISM というプログラムを利用して同盟国も含め全世界的にメールやコンテンツのデジタル情報の大規模な収集活動を行っていた*12。アメリカはそれまで表向きサイバー空間の自由すなわちインターネット・フリーダムを主張していたが、世界的規模で情報を監視していることがわかり、今ではジョージ・オーエルの『1984』の主人公にちなんで「Big Brother」とサイバー・コミュニティで揶揄されるようになった*13。

（2）非物質手段によるサイバー空間外へのサイバー攻撃

　③外部システムへのサイバー攻撃

たとえば外部システムを遠隔監視制御・情報取得する SCADA（Supervisory Control And Data Acquisition）システムをマルウエアで機能麻痺や機能破壊し、外部システムを機能麻痺や最悪の場合破壊する。とりわけ懸念されているのが発電・送電システム、上水道システム、運輸・交通システム、金融システムなど国家の基幹インフラ、さらには艦船、航空機、ミサイルなどの兵器システムや C^4ISR の軍事情報システムなど軍事システムへのサイバー攻撃である。

典型的な事例が2010年9月に起きたマルウエアのスタックスネットによるイランのウラン濃縮用遠心分離機に対する攻撃がある。遠心分離機を監視、制御する SCADA をスタックスネットが乗っ取り、遠心分離機を一時的に機能停止に追い込んだ事件である。イランの核開発を妨害する目的で、アメリカとイスラエルが協力して実施したといわれている*14。

④外部情報へのサイバー攻撃

コンテンツやデータなどネット内の情報によって名誉や信用、評判、世論などの外部の情報を攻撃し、名誉棄損、信用失墜、世論誘導、脅迫などの悪影響を与える。たとえばリベンジ・ポルノのような個人情報の暴露などで個人の名誉を棄損する。あるいはホームページの改竄や虚偽の情報による世論誘導やブログでの流言飛語による評判の失墜、また脅迫にまで及ぶことがある。2012年6月から9月にかけて、小学校での無差別殺人や航空機の爆破などを予告するメールやスレッドへの書き込み事件が起こった。いずれの事件でも何者かが Trojan Horse で Bot を送り込み数台の PC を遠隔操作していたことが分かった。

（3）物質手段によるサイバー空間内のサイバー攻撃

⑤内部システムへのサイバー攻撃

たとえば通信システムに組み込まれたルーターやサーバーに情報の監視や窃取ができるように秘密のソフトウエアを仕込んだり、重要インフラシステムや兵器システムに組み込まれているシリコンチップに秘密のバックドアを作り、いざというときにバックドアを通じてサイバー攻撃を行う。

最近話題になっている事件に、フアーウェイ事件がある。2012年10月に米下院議会情報特別委員会が、中国のフアーウェイ社の製品が組み込まれた電子・通信機器が自動的に大量のデータを中国に送信していると、同社を非難する報告書を公表した*15。他のサイバー攻撃の例にもれず、中国に送信しているとの確証はなかったものの、疑惑をかけられたフアーウェイ社は製品

が売れず2013年末に米国からの撤退を余儀なくされた。

⑥内部情報へのサイバー攻撃

　法律、規制、制限等の強制力によって内部情報を検閲、管理、統制するためのサイバー攻撃である。典型的な例が2010年3月のグーグルの中国市場からの撤退である。グーグルは中国進出当初一部自主規制をして中国の検閲に対応していたが、Gmailにまで検閲がおよび撤退を決断した。

　検閲の問題は、言論の自由という人権を優先するか、国内の治安を優先するかの問題である。ネット検閲の根拠として中国が指摘するのは、中国、ロシア連邦、ウズベキスタン及びタジキスタンの4か国が2011年9月に国連に提出した「情報セキュリティのための国際行動規範」*16で明らかなように、「情報空間における国家の権利と責任」という考えである。人権を基本としインターネット・フリーダムを主張する欧米日の先進国ではネット検閲は内部情報へのサイバー攻撃以外のなにものでもない。

（4）物質手段によるサイバー空間外のサイバー攻撃

　この攻撃は本質的にはサイバー攻撃とは言えないが、ICTに関連した事象であり、広義の意味でサイバー・セキュリティの対象である。

⑦外部システムへのサイバー攻撃

　サイバー空間を構築するコンピュータ、ルーター、サーバー、ケーブル、送電施設、発電所などのサイバー・インフラに対する破壊工作、テロ、武力攻撃となどの物理的攻撃である。サイバー・インフラに対する本格的な破壊工作、テロは今のところ起きていない。しかし、国家間戦争においてこうしたサイバー・インフラへの攻撃が懸念されている。

⑧外部情報に対するサイバー攻撃

　世論や個人情報、国家情報に対する検閲、規制、統制、管理等である。具体的には、サイバー空間内の情報がUSBやCDなどの記憶媒体、本や新聞など印刷媒体やテレビ、ラジオ、DVD等の視聴覚媒体として、メディアや個人、団体等を通じてサイバー空間外に流出することへの国家や組織による規制である。たとえば内部告発者から提供された政府の機密文書を公表しているウイキリークスに対する関係国政府の規制である。

2．サイバー攻撃の特徴

　サイバー攻撃はテロによく似ている。テロでは誰が攻撃主体なのか、どれほどの攻撃能力があるのか、攻撃の意図は何なのか特定できないことが多い。

サイバー攻撃ではテロ以上に攻撃主体、攻撃能力、攻撃意図が判然としない。
（1）攻撃主体の特定の困難さ
　サイバー攻撃の最大の特徴は匿名性にある。接続経路を秘匿化するソフトウエアの Tor や Bot-network による遠隔操作などの手段により、だれが攻撃したかを特定することが極めて困難になる。現実世界のテロと違って犯人に結び付く物証は一切残らない。
　サイバー攻撃の主体は、サイバー攻撃の目的を基準にすれば、政治目的、国家目的を持った国家と、個人的、私的目的を持った個人、組織、団体などの非国家主体に二分できる。サイバー攻撃の主体はほとんどの場合、個人や犯罪集団などの非国家主体である。しかし、実際のサイバー攻撃から誰が攻撃主体かを判断するのは極めて困難である。
　現在サイバー攻撃の形態はスピア型攻撃と Bot-network へと進化している。スピア型攻撃とは、「ある特定の組織や集団を狙った」攻撃。攻撃対象が限定されることから槍で攻撃するイメージで名づけられた。
　他方 Bot-network とは、パソコンをマルウエアの Bot に感染させ外部からコントロールできるようにし、その感染したパソコンを利用してさまざまな攻撃をするためのマルウエアである。パソコンをロボットのように操作することから Bot と名付けられた。サイトに接続している Bot が Bot-network である*17。
　前述の PC 遠隔操作事件は Bot によるサイバー攻撃である。被告は当初容疑を全面否認し無罪を主張していた*18。検察が提出した証拠はすべて状況証拠であり、被告が犯人と断定する直接証拠がなかった。犯人逮捕の直接の決め手となったのは、犯人がメールを送った携帯を捜査員に発見されたことだ。現実世界に残された直接の物的証拠が犯人逮捕に結びついた。そもそもサイバー攻撃は現実空間に物的証拠を残さない。それに加えて Bot-network を使えば自らの IP アドレスを隠し、他人のコンピュータからサイバー攻撃を仕掛けることができる。
　スピア型攻撃でも攻撃者の特定はそもそも難しい。また攻撃者（正確にはコンピューター）が単数とは限らず、攻撃に使用されたコンピュータ（正確には IP アドレス）が確認できたとしても、実際にそのコンピュータを誰が使ったかを証明することは極めて困難である。
（2）攻撃能力の判定の困難さ
　サイバー攻撃の第二の特徴は、通常の武力攻撃と違って、攻撃する側も防

衛する側も同等に攻撃効果や被害予測が難しいことにある。サイバー攻撃は爆弾やミサイルのような物理的破壊兵器よりも、むしろ身体の機能麻痺、機能破壊をもたらす BC（生物・化学）兵器に似ている。物理的破壊兵器と違って BC 兵器は攻撃対象が置かれた環境、身体的条件などによって効果が著しく異なる環境依存型兵器である。また実戦使用された例が少なく、効果の実証記録があまりない。そのため BC 兵器の効果の判定は難しく、往々にして過大に評価されがちである。

　サイバー攻撃も同様である。サイバー攻撃に使われる兵器は前述したようなマルウエアで、意図的に攻撃対象のコンピュータのソフトウエアを毀損して機能麻痺や機能破壊を起こさせる。毒ガス攻撃を防ぐ防毒マスクのように相手が十分なマルウエア対策を施していれば無害か、CSIRT（Computer Security Incident Response Team）により即座に対応すれば被害は限定的である。意図的ではなかったがソフトウエアの欠陥でコンピュータがシステム・ダウンすると大騒ぎされたのが、いわゆる2000年問題である。一部のプログラムで西暦を下二ケタの00としか表示できないために、コンピュータが1900年と認識し、誤作動して物流や経済に深刻な影響があるのではないかと懸念されていた。しかし、実際にはほとんど影響らしい影響はなかった。

　同様に大騒ぎされたタリン事件でも金融パニックが起きたわけでもなく、人が死傷するなどの被害が出たわけでもない*19。スタックスネットもイランの遠心分離作業を遅らせることはできたが止めることはできなかった。対照的に 1981 年にイラクはオシラク原子炉をイスラエルの爆撃で破壊され、結局プルトニウムの抽出を断念せざるを得なかった。通常の物理的破壊の方が効果は絶大であり、確実である。

　攻撃能力が弱いからなのか、防御能力が強いからなのか、サイバー攻撃では今のところ深刻な人的、物的被害は出ていない。いずれにせよ、サイバー攻撃にどれほどの攻撃能力、人的、物的被害を与える能力があるのか正確に判定できない。

（3）攻撃意図の判断の困難さ

　サイバー攻撃の意図の判断も、主体や能力の判断同様に、困難な場合が多い。たとえば前述のタリン攻撃である。同攻撃は、タリン市中心部に建てられたソビエト兵士の銅像を郊外に移転する動きにロシア系住民の一部が激しい抗議行動を繰り広げ、ロシア政府も「歴史を変える行為だ」と非難の声をあげていた最中に起こった。そのためエストニアへの反発からロシアによる

攻撃だと推察されている*20。しかし、ロシア政府による直接の攻撃であったのか、ロシアの愛国的ハッカーたちが行った攻撃なのか、あるいはロシア政府が愛国的ハッカーを支援、使嗾した攻撃なのかまでは判断できない。実際の攻撃は、前述の Bot-network を使って170か国以上から行われており*21、だれが Bot を操作したかは不明だからである。ロシアの国家意志が働いていたのではないかというのは状況証拠による推測でしかない。

　サイバー攻撃は個人でも可能である。というよりもサイバー攻撃は究極的にはクラッカー一人による攻撃である。攻撃に必要なものといえば一台のコンピュータとマルウエアだけである。組織や時に国家の支援が必要となるテロとも、また武力集団や軍隊のような組織による武力攻撃とも異なる。サイバー攻撃が基本的には個人による攻撃であるために、仮に政治目的の攻撃とわかったとしても、攻撃者の特定が難しい上に、国家に使嗾されたのか個人の意志かを判断するのは、攻撃者に直接訊く以外、不可能に近い。

II　サイバー安全保障とは何か

　上記のサイバー攻撃に対しどのように対処すべきか、サイバー（ICT）とセキュリティ（安全保障）に分けて考察する。

1．サイバー・セキュリティとサイバー安全保障

　上記のサイバー攻撃すべてに対処するのがサイバー・セキュリティである。たとえばアメリカのサイバー・セキュリティ戦略の基本になっているブッシュ（George W. Bush）政権の Comprehensive National Cybersecurity Initiative: CNCI（2008年1月）も官民を問わずサイバー空間の防衛、すべての脅威への対処そしてサイバー空間の強化が戦略目標となっている*22。日本も同様に、日本の情報セキュリティ政策会議『サイバーセキュリティ戦略』*23 でも『『強靱な』サイバー空間の構築という章で、「政府機関等における対策」「重要インフラ事業者等における対策」「サイバー空間の衛生」、「サイバー空間の犯罪対策」そして「サイバー空間の防衛」などサイバー攻撃のすべての対象に対する対策を取り上げている。

　サイバー・セキュリティは図2のような概念図に整理できる。

　縦軸はサイバー空間を構成する階層、横軸はサイバー空間の領域である。サイバー空間外部にあるのはハードウエアとしてのコンピュータとネットの

図2 サイバー・セキュリティの対象

	領域 階層		国　家		非国家	
			軍事	政治	経済	社会
内部	空間概念		戦闘空間	無秩序	グローバル・コモンズ	
	情報		軍事	政治	個人・企業等	
	システム	ソフト	専用	共　通		
外部		ハード	兵器	ネット・PC		

システムである。これらのシステムを動かすのがコンピュータ内部のソフトウエアである。そしてハード、ソフトによって作り出されたサイバー空間内にはコンテンツ、データ等の情報がある。またシステムが作り出すサイバー空間がどのような概念としてとらえられているかを示している。軍事領域では新たな戦闘空間、政治領域では今のところ無秩序状況であり規範による秩序が必要と考えられている。また経済や社会領域ではたとえば経済的利益や公共的利益を求めて誰もが自由に参加、行動、発言できるグローバル・コモンズととらえている。

　他方横軸はサイバー空間内の領域である。領域はサイバー・セキュリティの主体によって国家と非国家（企業、NGO、個人等）に大別できる。前者はさらに軍事領域と政治領域に、後者は経済領域と社会領域に分けることができる。それぞれの領域のサイバー・セキュリティの代表的な対象には、軍事ではC4ISR、政治では電子政府、経済では銀行・金融システム、社会ではSNSなどがある。

　上記の図を参考に、以下の四つのサイバー・セキュリティ戦略の概要を検討する。

　第一の戦略はシステムに対するシステム・セキュリティ戦略である。サイバー攻撃をするマルウエアを予防、駆除できるソフトウエア開発やマルウエアの侵入を防ぐシステム構築が目標である。システム・セキュリティ戦略は基本的にはICTによる技術志向の戦略である。とりわけソフト開発こそがシステム・セキュリティ戦略の中核技術である。その意味でシステム・セキュリティ戦略は、領域を問わずいかにマルウエアの侵入を防ぎ、感染を予防し、駆除するソフトウエアを開発できるか、にかかっている。

第二の戦略は情報に対する情報セキュリティ戦略である。コンテンツやデータなどサイバー空間内の情報のセキュリティも基本的には窃取、窃視、改竄等のマルウエア対処にあるが、同時に情報の自由、公開性あるいは逆に保護、秘匿性など情報をいかに管理するかが重要となる。インターネット・フリーダムを主張するネット市民は国家の管理を嫌い情報の自由、公開性を主張し、中国やロシアは情報の国家管理を行っている。

　情報セキュリティは本質的にはサイバー・セキュリティの問題ではなく、昔からある個人や国家の情報の保護や検閲、スパイ活動等の情報活動に係る問題である。情報収集の対象となる情報がこれまでの文字、写真、電波などのアナログ情報に加え 0、1 のデジタル情報に広がり、手段も HUMINT、COMMINT、SIGINT、ELINT などからメタデータを収集できる PRISM のようないわば CYBINT とでもいえる新たな手段が加わったに過ぎない。そのため国家で情報セキュリティを担うのは、アメリカの NSA のように、多くの場合伝統的な情報機関である。

　上記の第一の戦略と第二の戦略は、すべての領域に関係する共通戦略である。他方横軸で区切られた領域ではサイバー攻撃に対する戦略が異なる。大別すると非国家主体（企業、NGO、個人等）へのサイバー攻撃はサイバー犯罪として、国家に対するサイバー攻撃は国家安全保障として、それぞれ領域別に下記のような別個の戦略が必要となる。これらの戦略は要するにシステム、情報の上部に仮想現実として認知されるサイバー空間の秩序をいかに形成するかという戦略に他ならない。

　第三の戦略として、非国家領域のサイバー犯罪を取り締まる治安維持戦略がある。サイバー攻撃を犯罪として取り締まることができるよう立法、司法を強化し、サイバー空間の秩序の維持、形成が目標である。各国ともまずサイバー犯罪として国内法を整備し、また2001年に採択されたサイバー犯罪条約のように国際社会での協力体制を強化し、国内外での立法、司法による対策を行う必要がある。

　第四の戦略として、他国やテロ組織等によるサイバー攻撃から国益を防衛する安全保障戦略がある。タリン事件を契機に国家安全保障としてのサイバー安全保障（ここでは全領域にまたがる広義のサイバー・セキュリティと区別するために国家領域のサイバー・セキュリティをサイバー安全保障と名付ける）戦略の構築が各国とも急務となっている。とはいえ、まだ緒に就いたばかりで、本格的なサイバー安全保障戦略があるわけではない。依然として

広義のサイバー・セキュリティ戦略、なかんずく ICT 戦略が中心である。

このようにサイバー攻撃に対する戦略の柱は四つある。以下では最近にわかに関心が高まってきたサイバー安全保障戦略を分析し、サイバー・セキュリティ戦略との差異を明らかにする。

2．サイバー安全保障戦略

サイバー安全保障戦略は国家間戦争を対象とする通常の軍事戦略同様に脅威対処戦略と危機管理戦略に大別できる。

（1）脅威対処戦略

サイバー安全保障戦略に最も熱心に取り組んでいるアメリカを参考に脅威対処戦略を検討する。サイバー安全保障戦略の基本文書である『サイバー空間国際戦略』では、サイバー空間の防衛のために、dissuasion（抑制）と deterrence（抑止）によって、サイバー脅威に対処する、としている。前者では、政府、民間を問わず、また他国と協力しながら、攻撃者が攻撃をしても無駄だと思うほど防衛能力を強化しネットワークを防護する。他方、後者では犯罪者や非国家主体が攻撃を仕掛けた場合には法律によって処罰する。また、攻撃が国家によって行われた場合、通常の軍事戦略同様に、自衛権に基づき「我が国、同盟国、友好国、および利益を護るために、すべての必要な手段（外交、情報、軍事、および経済）をとる権利を留保する」*24 と、サイバー攻撃に通常の軍事力で反撃することを想定している。しかし、この抑止戦略には大きな問題がある。以下のような理由からそもそもサイバー攻撃には抑止戦略は機能しない*25。

第一の理由は、前述したように、サイバー攻撃の主体が正確に判定できないからである。サイバー攻撃の主体が国家か非国家かを推定はできても断定は極めて困難である。仮に国家が行ったことが分かった場合でも、サイバー攻撃を武力攻撃と認定できるかどうかである。たとえば人的被害も物的被害もない単に通信が妨害されたり金融システムがダウンしただけで武力行使と認定できるのだろうか。それとも航空交通管制システムが機能麻痺し航空機が墜落したり SCADA が機能破壊され発電所が事項を起こすなどの人的、物的被害が出れば武力攻撃と認定できるのだろうか。サイバー攻撃のどの段階で自衛権が発動できるのか。また通常の軍事力の行使も想定されているが、サイバー攻撃に対してどの程度の通常軍事力行使が比例の原則から正当な反撃となるのだろうか。

第二の理由は、サイバー攻撃側も防御側もお互いに相手の能力が分からないからである。そもそも抑止戦略は相互に攻撃能力と反撃能力の推定が可能という前提で成り立つ戦略である。拒否的抑止であれば、防御側の反撃能力が攻撃側に判断できない限り抑止は効かない。しかし、通常の武力攻撃と違ってサイバー攻撃には判断の基準となるような過去の事例はなく、どのような戦術、兵器（マルウエア）で反撃するか予測も立てられない。そこで攻撃側は防御側の反撃能力を探るために絶えずプロービングを行うことになる。このプロービングのために攻撃側は絶え間なくサイバー攻撃を仕掛けることになり、抑止どころかかえってサイバー攻撃を誘発することになる。

　第三の理由は、サイバー攻撃では圧倒的に攻撃側が優位だからである。テロと同じでサイバー攻撃では攻撃の時刻、場所、方法はすべて攻撃側が決定できる。他方防御側は常時、あらゆる場所を、あらゆる方法で防御しなければならない。この圧倒的な攻撃の優位性が匿名性と相まって拒否的抑止を無効なものにしている。

　サイバー攻撃の本当の脅威は、SCADAへの攻撃で原子力発電所が破壊されたり航空機が墜落したりすることではない。テロと同じく、サイバー攻撃が引き金になって国家間の通常戦争が始まることである。サイバー攻撃は今や各国に相互不信の疑念を植え付け始めている。米中の間ではサイバー攻撃を巡って疑心暗鬼が募り「サイバー冷戦」の状態にある[26]。またスノーデン事件で明らかになったアメリカによる同盟国に対する情報監視でアメリカとその同盟国の間でも不信感が増している。相互不信、疑心暗鬼が高まっているときに、サイバー攻撃が起きれば、それがテロ組織のような第三者や当事国間の戦争を望む第三国によるものであれ、相互に相手からの攻撃と判断して通常戦争が始まる恐れがある。こうした状況に陥るのを回避するために危機管理戦略がある。

（２）危機管理戦略

　最近サイバー安全保障の危機管理戦略として注目されているのがCBM（Confidence Building Measures：信頼醸成措置）である。日本の『サイバーセキュリティ戦略』でも信頼醸成措置の文言が記載されている[27]。また国際的にも2013年６月に国連総会第一委員会のサイバー・セキュリティに関する政府専門家会合（Group of Governmental Experts：GGE）が出した提言書[28]にもCBMが勧告されている。

　GGEではまず「透明性、予測可能性そして協力」を増進するために「自

発的な信頼醸成措置」を取るよう勧告している。具体的には次のような措置である。

(a) 各国の自主的判断に基づく、国家戦略や政策、ベスト・プラクティス、政策決定過程、国際協力改善のための国家組織や措置に関する意見や情報の交換。

(b) 信頼醸成のための二国間、地域、多国間の諮問枠組みの創出。

(c) ICT セキュリティ・インシデントに関する国家間の情報共有の促進。

(d) 国家のコンピュータ緊急事態対策チーム（CERT）間の情報、通信の相互交換。

(e) ICT や ICT の産業制御システムに依存する重要インフラに影響するインシデント対処への協力の拡大。

(f) 敵対的な国家行動だと誤解されかねないインシデントを減らすための司法協力のメカニズムの強化。

こうした信頼醸成措置は勧告書が指摘するようにこれまで、「アフリカ連合、ASEAN 地域フォーラム、欧州連合、アラブ諸国連盟、米州機構、OSCE、上海協力機構などの地域グループや二国間および多国間で」努力はなされてきてはいる。たとえば ARF は2006年の第13回フォーラムで「サイバー攻撃及びテロリストのサイバー空間悪用との闘いにおける協力に関する ARF 声明」*29 でサイバー攻撃に対する多国間協力を表明している。NATO 諸国では2011年6月に採択したサイバー防衛に関する新政策及び行動計画でサイバー防衛の相互支援や共同の研究機関 NATO サイバー防衛センターで協力体制を強化している。また上海機構の中国、ロシア、タジキスタン、ウズベキスタンは前述の「情報セキュリティのための国際行動規範」を国連に共同提出している。

ただし今後とも信頼醸成の努力を積み重ねていけば、いわばサイバー CBM が確固としたものになるかどうかは疑問である。というのもサイバー CBM では、主体、能力、意図の判定が難しいというサイバー攻撃の本質的問題から、CBM で最も重要な査察や検証が事実上不可能だからである。

GGE の勧告を見てもわかるが、サイバー CBM の基本は、信頼醸成のための自発的な情報の共有と協力メカニズムの強化にある。しかし、信頼醸成をより実効性のあるものにするためには通常の軍事関連の CBM 同様に査察と検証が欠かせない。

ちなみに、国連の軍縮局では軍事関連の CBM では次のような信頼醸成措

置をとっている＊30。

　第一に軍備の透明性。第二に信頼醸成のための意見の共有、そのための具体的な手段として情報交換、査察と検証、軍備の制限である。冷戦時代に米ソ間や東西間で行われた CBM は、情報交換とともにオープン・スカイのような査察と検証手段により軍備の透明性を高め、信頼醸成をより強固にした＊31。国連においても軍備の透明性を高めるために、各国の軍事費や国連通常兵器移転登録制度通で通常兵器の輸出入を国連に自発的に報告することが加盟国に求められている。

　他方、サイバー CBM では軍備の透明性が事実上確保できない。そもそも査察と検証の対象となる「兵器」は、0、1 の数字からなるマルウエアでしかない。国家が相互に自ら開発したソフトウエアを査察させたとしても、機能麻痺や機能破壊させる能力があるかどうか、0、1 で書かれたソフトウエアを見ただけでは誰も判断できないだろう。検証するには演習でも行って実際にサイバー攻撃を行う以外にない。たとえばミサイルや戦車、砲など通常の兵器の能力はある程度判断できるから、兵器の数量やその配備場所を査察できれば、ある程度その能力は検証できる。しかしサイバー攻撃に使われるマルウエアの能力は数量ではなく質によって決まり、また「配備」の場所もコンピュータ、USB、クラウドなど一切の制約はない。コンピュータとネットさえあれば世界中のどこからでもサイバー攻撃は可能である。

　またマルウエアは通常の兵器と違って国家だけが保有しているわけではない。いわゆるクラッカーやテロ組織のような悪意を持った個人や集団も国家同様にマルウエアを開発、保有する可能性がある。むしろインターネット文化のアナーキー性を考えれば、国家による統制を嫌悪する優秀なクラッカーが政府や軍に雇われたハッカーよりも強力なマルウエアを保有する可能性が高い。ICT の世界は質が量を凌駕する世界である。一人の天才クラッカー一人が開発するマルウエアに対抗するためにサイバー兵士千人、万人が束になっても防御システムが開発できなければ何ら意味はない。仮に国家間で検証や査察を行ったとしても、非国家主体に対する査察や検証ができずクラッカーが国家を装ってある国を攻撃するようなことになれば、結果的に国家間の査察や検証が意味をなさなくなる。査察、検証すべきは実は国家ではなくクラッカーである。

　とはいえ、国家間のサイバー CBM が全く無意味だというのではない。国家間のサイバー CBM が確立すれば、少なくとも国家間でサイバー攻撃を行

う蓋然性は低くなる。というのも国家に対するサイバー攻撃は非国家主体によるものと判断でき、サイバー攻撃をきっかけとした国家間の通常戦争の蓋然性は下がる。また国家間のサイバー CBM が確立すれば、個人やテロ組織など非国家主体によるサイバー攻撃を国家間の協力で対応できる。

ただし国家間で確固としたサイバー CBM を構築するには、通常兵器のような査察と検証に代わる信頼性の確保の手段が必要となる。その一つの方法が、サイバー空間における国際規範の構築である。現在のところサイバー空間の国際規範には2001年のサイバー犯罪条約しかない。サイバー攻撃に関する国際条約はなく、前述の GGE の提言書でも「現行の国際法から導出された規範」「国家主権と主権から導かれる国際規範や原則」の適用を勧告している。結局、サイバー CBM は通常の CBM 同様に軍事のみならずあらゆる分野であらゆる国家が現行の国際法や規範を守って初めて確固としたものになる、ということである。

おわりに

安全保障の視点から国家安全保障にかかわるサイバー安全保障がサイバー・セキュリティの中でどのような位置を占めるのか、サイバー攻撃の形態や特徴を手掛かりに考察した。結論から言えば、サイバー攻撃対策から見る限り、国家安全保障としてのサイバー安全保障とサイバー・セキュリティとは大同小異である。脅威対処戦略は無効であり、危機管理戦略のサイバー CBM は有効であるにしても国家だけが行う戦略ではない。むしろグローバル・コモンズであるサイバー空間のガバナンスの問題として非国家主体にも共通する戦略である。

サイバー安全保障がサイバー・セキュリティと実質的に同じだとすれば、それはサイバー空間内では政府や軍が関与する領域があまりないということではないのか。確かにサイバー空間外では国家はシステム設置の許諾権を握ったり、国によっては情報を管理するなどの大きな力を持っている。しかし、それとは対照的にサイバー空間内部での国家の役割は小さい。政治領域のサイバー空間は依然として無秩序である。監視や検閲で秩序を維持しようとする政府がある一方、GGE の勧告にあるように国際規範の構築で秩序を形成しようとする動きもある。

とりわけ軍の役割はサイバー空間内では現実空間のそれと比較して小さい。

軍事領域ではサイバー空間をあらたな戦闘空間としてとらえている＊32。しかし、サイバー空間では銃弾やミサイルが飛び交うわけではない。物理的暴力としての軍事力は一切ない。あるのは 0、1 のデータの応酬だけである。また現実空間とは異なり、サイバー空間では100万人の軍隊と一人のクラッカーが真正面から対峙できる。一人で数十人の相手と闘った映画の主人公「ランボー」どころではない。

　物理的暴力を独占的に行使するのが国家であり、それは軍と警察を通じて行われる。しかし、サイバー空間内では物理的暴力はなく、国家は独占することも行使することもできない。つまりサイバー空間内では国家は構築できないということである。それは、とりも直さずサイバー空間内では国家領域はなく、したがってサイバー安全保障は成立しないということである。だからこそ、これまで見てきたように、国家は何とかサイバー・セキュリティをサイバー空間外の国家安全保障の一環として対処しようとするのである。

　サイバー安全保障に国家が対処しようとすれば、テロ対処と同様に＊33、それは必然的に国家の権力の分散化を招き、国家の変容、解体を促進する。サイバー安全保障の限界は実は近代主権国家の限界ではないか。この問題の発見が本論の成果である。

（用語解説）
■サイバー攻撃の形態
　サイバー攻撃には様々な形態がある。アメリカの GAO（会計検査院）が2013年2月に議会に提出した報告書『サイバー・セキュリティ』では次のようなサイバー攻撃の形態を次のように列挙している＊34。
① Cross-Site Scripting
　「ソフトウエアのセキュリティホールの一つで、Web サイトの訪問者の入力をそのまま画面に表示する掲示板などのプログラムが、悪意のあるコードを訪問者のブラウザに送ってしまう脆弱性のこと」＊35
② DoS（Denial-of-Service）
　相手のコンピュータやルーターなどに不正なデータを送信して使用不能に陥らせたり、トラフィックを増大させて相手のネットワークを麻痺させる
③ DDoS（Distributed Denial-of-Service）
　複数のネットワークに分散する大量のコンピュータが一斉に特定のサーバーへパケットを送出し、通信路をあふれさせて機能を停止させてしまう攻撃。

④ Logic Bomb
　サイバー攻撃などに用いられるコンピュータ・ウイルスの一種で、対象のコンピュータの内部に潜伏し、あらかじめ設定された条件が満たされる（指定の日時に なるなど）と起動して破壊活動などを行うもの。
⑤ Phishing
　金融機関などからの正規のメールや Web サイトを装い、暗証番号やクレジットカード番号などを詐取する詐欺。
⑥ Passive Wiretapping
　情報通信でやり取りされるデータたとえばテキスト状態でやり取りされるパスワードなどのデータを監視したり、記録すること（筆者訳）。データを改ざん、影響を与えることなく行われる。
⑦ SQL (Structured Query Language) Injection
　データベースと連動した Web サイトで、データベースへの問い合わせや操作を行うプログラムにパラメータとして SQL 文の断片を与えることにより、データベースを改ざんしたり不正に情報を入手する攻撃。
⑧ Trojan Horse
　正体を偽ってコンピュータへ侵入し、データ消去やファイルの外部流出、他のコンピュータの攻撃などの破壊活動を行うプログラム。ウイルスのように他のファイルに寄生したりはせず、自分自身での増殖活動も行わない。
⑨ Virus
　他人のコンピュータに勝手に入り込んで悪さをするプログラム。画面表示をでたらめにしたり、無意味な単語を表示したり、ディスクに保存されているファイルを破壊したりする。
⑩ War Driving
　企業内の無線 LAN のアクセスポイントを求めてオフィス街などを車で移動するクラッキングの手口。
⑪ Worm
　ユーザに気づかれないようにコンピュータに侵入し、破壊活動や別のコンピュータへの侵入などを行う、悪意のあるプログラム（マルウエア）の一種。

■サイバー攻撃の主体
　GAO は次のようなサイバー攻撃に関与する個人や集団を挙げている[36]。
① Bot-network operators　（パソコンを Bot に感染させパソコンを外部から

自由に操る攻撃者である。ハーダー（herder 羊飼い）とも呼ぶ。
② Criminal groups（主に金銭窃取の目的でサイバー攻撃を利用する犯罪集団）
③ Hackers（本来はコンピュータに精通した人を意味していたが、スリル、自慢、金銭窃取等のためにコンピュータの知識や技術を悪用してサイバー攻撃を行う者という意味に転化した。誤用を避けるために悪意のあるハッカーはクラッカー（破壊者）と呼ぶことが多い）
④ Insiders（組織に不満を持つ組織内部の者。組織のコンピュータ・システムに精通しているために容易にサイバー攻撃を行うことができる）
⑤ Phishers（金銭の窃取を目的に ID や情報を盗みとる個人やグループ）
⑥ Spammers（主に営利目的の広告や宣伝や時には不正な情報等のスパムメールを勝手に送り付けてくる個人やグループ）
⑦ Spyware or malware authors（スパイウェアやマルウェアを書いたり、配布する個人や組織）

＊1 「サイバー戦争：それは脅威なのか」（[Part1]銀行とめたエストニアへの攻撃「犯人」分からぬまま）『GLOBE』
 (http://globe.asahi.com/feature/101004/02_2.html)
＊2 「イラン石油業界狙ったサイバー攻撃、石油省などに被害」『朝日新聞デジタル』2012年4月24日。
 (http://www.asahi.com/international/reuters/RTR201204240072.html)。
＊3 『朝日新聞』2012年10月9日（夕刊）。
＊4 『朝日新聞』2013年06月11日（朝刊）。
＊5 原子力委員会報告書「核セキュリティの確保に対する基本的考え方」（平成23年9月13日）註6（2頁）。
＊6 たとえば防衛庁「防衛庁・自衛隊における情報通信技術革命への対応に係る総合的施策の推進要綱（平成12年12月）」、防衛省『防衛省・自衛隊によるサイバー空間の安定的・効果的な利用に向けて』平成24年9月。アメリカは国家安全保障政策の一環として White House, *Comprehensive National Cybersecurity Initiative*, January 2008、軍事戦略として Department of Defense, *Department of Defense Strategy for Operating Cyberspace*, July 2011 などを策定している。
＊7 たとえば国際法の専門家は、サイバー攻撃を従来の国際人道法（いわゆる戦争法）で規制しようとする観点から、サイバー攻撃を次のように定義している。「サイバ

一攻撃(cyber attack)とは防御、攻撃を問わず、人を死傷させ対象物を毀損破壊させることが少なからず予想されるサイバー戦闘(cyber operation)」と定義されている。"Rule 30 Defintion of Cyber Attack," Michael N. Schmitt ed., *Tallin Manual on The International Law Applicable to Cyber Warfare*(Cambridge Univ. Press, 2013),p.92.

＊8　ナイのサイバー・パワーの表（Joseph Nye,Jr., *Cyberpower*, Harvard Kennedy School Belfer Center for Science and International Affairs, 2010, p.5）を参考に作成した筆者のサイバー脅威の表（加藤朗「新たな安全保障領域『サイバー空間』の理論的分析」国際安全保障学会『国際安全保障』第41巻第1号、2013年6月、19頁）を改訂した。

＊9　『朝日新聞』2011年4月27日（夕刊）。

＊10　「弊社ウエッブサイトの改ざんに関するお詫びとご報告」
（http://www.donki.com/shared/pdf/news/co_news/1509/20131209owabi_3sqlu.pdf）

＊11　CNN「ネット監視に200万人、「世論分析官」の資格も　中国」
(http://www.cnn.co.jp/tech/35038203.html)

＊12　Charlie Savage,"U.S. Confrims That It Gathers Online Data Overseas," *New York Times,* June 6, 2013.

＊13　2014年2月に都内で開催された日中の専門家会議で、中国研究者が盛んにアメリカを「Big Brother」と揶揄していた。

＊14　Misha Glenny,"A Weapon We Can't Control," *New York Times*, June 24, 2012.

＊15　Michael S. Schmidt, Keith Bradsher and Christine Hauser,"U.S. Panel Cites Risks in Chinese Equipment," *New York Times*, October 8, 2012.

＊16　'Letter dated 12 September 2011 from the Permanent Representatives of China, the Russian Federation, Tajikistan and Uzbekistan to the United Nations addressed to the Secretary-General', UN Doc A/66/359 (14 September, 2011).

＊17　沖野浩二「BotNetwork の学内における現状」『富山大学総合情報基盤センター広報』vol.4(2007)、50頁。

＊18　『朝日新聞』2014年2月13日。

＊19　「サイバー戦争：それは脅威なのか」『GLOBE』（同上）

＊20　土屋大洋「未来型戦争はサイバー攻撃から始まる」『中央公論』（2012年3月号）

＊21　「サイバー戦争：それは脅威なのか」『GLOBE』（同上）

＊22　下記のような目標を掲げている。

・To establish a front line of defense against today's immediate threats by creating or enhancing shared situational awareness of network vulnerabilities, threats, and events within the Federal Government — and ultimately with state, local, and tribal governments and private sector partners — and the ability to act quickly to reduce our current vulnerabilities and prevent intrusions.

・To defend against the full spectrum of threats by enhancing U.S. counterintelligence capabilities and increasing the security of the supply chain for key information technologies.

・To strengthen the future cybersecurity environment by expanding cyber education; coordinating and redirecting research and development efforts across the Federal Government; and working to define and develop strategies to deter hostile or malicious activity in cyberspace.

＊23 情報セキュリティ政策会議『サイバーセキュリティ戦略』、平成25年6月10日公表。

＊24 White House, *International Strategy for Cyberspace*, May 2011,p.14.

＊25 「防衛省・自衛隊によるサイバー空間の安定的・効果的な利用に向けて」の「別紙1サイバー攻撃の特性」においても「(5) 抑止の困難性」が指摘されている。

＊26 David E. Sanger,"In Cyberspace, New Cold War," *New York Times*, February 24, 2013.

＊27 情報セキュリティ政策会議『サイバーセキュリティ戦略』平成25年、39頁。

＊28 A68/98 "Group of Governmental Experts on Developments in the Field of Information and Telecommunications in the Context of International Security," 24 June 2013.
NATO も同じような内容の研究報告書を題している。Katharina Ziolkowski, *Confidence Building Measures for Cyberspace — Legal Implications* (NATO Cooperative Cyber Defence Center of Excellence Tallinn, Estonia, 2013)

＊29 外務省 HP http://www.mofa.go.jp/mofaj/area/asean/arf/13_cyber.html

＊30 国連軍縮局 HP http://www.un.org/disarmament/convarms/infoCBM/

＊31 たとえば吉川元（2000）「OSCE の安全保障共同体創造と予防外交」、『国際法外交雑誌』98巻6号、2000年2月、1～34頁を参照。

＊32 加藤朗前掲論文を参照。

＊33 加藤朗『現代戦争論』（中公新書、1993年）を参照。

＊34 United States Government Accountability Office, Report to Congressional Addressees, *CYBERSECURITY National Strategy, Roles, and Responsibilities Need to Be Better Defined and More Effectively Implemented*, February 2013, GAO-13-187, p.6.

＊35 IT-用語辞典「e-Words」(http://e-words.jp)

＊36 United States Government Accountability Office, Report to Congressional

Addressees, *CYBERSECURITY National Strategy, Roles, and Responsibilities Need to Be Better Defined and More Effectively Implemented*, February 2013, GAO-13-187, p.5.

研究ノート

サイバー・セキュリティに関する国際法の考察
——タリン・マニュアルを中心に——

河野 桂子

はじめに

　サイバー戦争という言葉は近年よく聞かれるが、国際法の観点からサイバー戦争が起きたと国が主張した例は今のところ存在しない。2007年9月にイスラエルがシリアを空爆する前に防空レーダーを操作した事例があるが、これは後続する通常兵器攻撃のあくまで準備としてサイバー・オペレーションが行われたにすぎず、またレーダーへの操作のみで国際法上の戦争が始まるとは言い切れない以上、これをサイバー戦争の先例と位置づけるのは難しい。しかし、そもそものところ、国際法上のサイバー戦争とは何かについて定義や条件を定めた国際条約は今までのところ存在せず、諸国の間では意見の隔たりが依然として大きいために近い将来、そのような国際条約が作成される可能性も低い。

　そのような状況を背景にして、NATO サイバー防衛センター（CCD COE）は、『サイバー戦に適用される国際法に関するタリン・マニュアル』（以下、タリン・マニュアルと略称）*1 の完成を2012年夏に発表し、広く耳目を集めた。タリン・マニュアルは、NATO の公式見解ではなく、法律家や実務家が個人の資格で参加した独立の国際専門家グループ*2 によって起草された学術研究成果であり、文書そのものに法的拘束力はない。しかし、その内容を見ると、タリン・マニュアルは極めて政策的志向が強い文書であることがわかる。

　サイバー・セキュリティの問題は、既に国連の場でも1990年代後半から扱われてきたが、世界中のほぼ全ての国が集まる国連ではなく、なぜ NATO という地域的枠組みの中で文書が作成されたのか、本稿ではその経緯を見ていくことでタリン・マニュアルの特色を理解する手がかりとしたい。以下本

稿では、まず、サイバー・セキュリティに関係する基本的な国際法上の概念を確認した後で、国連での検討作業の足跡をたどり、サイバー・セキュリティに対する関係国の立場を整理する。そして最後にタリン・マニュアルを概観し、その主要な論点を取り上げることとする。

なお、本稿では、「サイバー・セキュリティ」の他に「情報セキュリティ」という語を使う場合があるが、それは国連や個別国家の文書でそのように言及されている場合に原文を正しく引用するという目的による。また、「戦争」という語は、今日、関連の国際条約において一般的には「武力紛争」という語に差し替えられており、タリン・マニュアルでも後者の用語を頻繁に使用しているが、実質的な意味の違いはないため本稿も必要に応じて使い分けることとする。

I　サイバー空間における国家主権

国連第1委員会サイバー・セキュリティ政府専門家グループ（GGE）が提出した2013年報告書は、サイバー空間に主権原則が適用されることを確認した*3。ただし、その具体的内容については、国によって理解が異なるのが実情である。

1.　サイバー犯罪と国家主権

サイバー空間における主権を領域主権の延長で捉えるのが米国である。例えば、米国政府高官は「国家がサイバー空間を利用する際は、他国の主権に配慮しなければならない*4。」と説明するが、これはサイバー・インフラが物理的に存在するのが国家の領域である事実をもとにしている。

このような考え方は、サイバー犯罪の国際的規制について既に採用されている。例えば、サイバー犯罪が起きた場合、警察当局は端末を押収してデータを解析するなど捜査を行い、犯人を逮捕して刑事裁判を行う。国境を越えてサイバー犯罪が行われた場合でも、被害者の本国は、仮に犯人や証拠の所在を把握していたとしても、領域国の許可なくその国に立ち入り無断で捜査や逮捕を行うことはできない。このような警察当局による執行管轄権や、裁判所の行使する司法管轄権は、国家主権の具体的な発現形態*5であるため、各国は互いに主権を尊重して捜査共助を要請しなければならない。特別の国際合意がなければ被要請国はこの要請に応じる義務はない。ただし被害が犯

罪の域を超えて武力攻撃に達する場合には、例外的に被害国が直接措置をとることができる。国家間で武力紛争が発生するのは、まさにこの主権が蹂躙された状況であるが、タリン・マニュアルは、主権原則について米国政府と同じ理解を採用している*6。

2．国家主権に関する中国政府の見解

これに対して中国政府は、主権原則について全く異なる見解を持つ。中国国務院新聞弁公室が2010年に発表したインターネット政策に関する白書によれば、主権は次のように説明されている。

　中国領域内では、インターネットは中国の主権の管轄権下におかれる。中国のインターネットの主権は、尊重され、また保護されなければならない。中国領域内にいる中国国民、外国人、法人その他の組織は、インターネットを使用する権利と自由を有するが、同時に中国の法規則を遵守し、またインターネット・セキュリティを誠実に保護しなければならない*7。

つまり、中国にとっての主権とは、政府がインターネットを規制する権利のことである*8。中国政府は、社会を不安定化する有害な情報を規制するため、日々インターネットの検閲や監視を行っているが、中国国内の反政府活動家や分離勢力に対する他国の支援によって、こうした検閲や監視はたびたび迂回、または無効化されており、このような他国の活動は国内問題に対する違法な干渉、あるいは国家の安全保障に対する脅威であるとして強く批判している*9。このような主権原則の理解は、ロシアのそれと同じであり*10、両国が2011年に国連に提出した後述の「情報セキュリティのための国際行動規範」に色濃く反映されている。

II　国連におけるサイバー・セキュリティへの取り組み

このように、中国、ロシア等と西側諸国との間では、共通の言語を用いながらも共通の理解は欠けており、議論をその先に進めるための阻害要因となっている。本章では、このような理解の乖離が当時国連で行われていた議論にどのような影響を与えたかを見ていくことにする。

1．国連総会第1委員会におけるロシアの主導的役割

　国連におけるサイバー・セキュリティの議論は、当初よりロシアのイニシアチブで進行した。ロシアは1998年以降、毎年「国際安全保障の文脈における情報通信分野の発展」*11 と題する国連総会決議案を総会第1委員会に提出し、同委員会の勧告を受けた国連総会は、毎年、この決議案を採択した*12。また、第1委員会には、ロシアの要請に基づき政府専門家グループ（GGE）も設置された。このGGEは、地理的配分に基づき国連事務総長によって指名された政府専門家によって構成され、以後2004年〜2005年、2009年〜2010年、2012年〜2013年の期間に検討作業を行い、今日まで2010年と2013年の2回報告書を提出している*13。

　しかし、2000年代前半まで、この総会決議は「情報セキュリティ分野の既存および潜在的脅威を多国間レベルで検討することを加盟国に対して要請する」ものにとどまり、取り組むべき脅威の性格について明確な定義を示していなかった。それ故、加盟国間における「情報セキュリティ」の脅威認識は必ずしも一致しておらず、例えば、米国などは「サイバー・セキュリティへの主要な脅威は、組織的犯罪者、個々のハッカーおよび非国家主体が執拗に行う犯罪である。」*14 として、刑事法的視点からこれを捉えていた。なお、サイバー犯罪については、国家間の捜査共助を定める欧州評議会のサイバー犯罪条約があるが、ロシアは当時から現在に至るまで未加入である。

　2004年から2005年にかけて行われたGGEの検討作業も、各国の意見の相違から報告書をまとめることができなかった*15。ところが、この後にロシアが提出した決議案では、GGEの今後の検討項目について直前の改善点が盛り込まれておらず、そのことに不満を抱いた米国は、以後2008年まで第1委員会に出されたロシア提案に対して反対票を投じ続けた*16。

　もっとも、ロシアは2005年頃には、情報セキュリティの国家安全保障や軍事的側面を明確に意識し始めたようである。そのことは、当時ロシア政府代表が決議案提出理由を述べた次の発言から読み取れる。

「情報通信技術は、犯罪集団のみならず、<u>テロリスト、過激派組織および国家によって敵対的、政治、軍事、経済などの目的のために使われうる。</u>」*17（下線部は筆者による）

　米国政府も、このロシアの態度に呼応し、軍事的文脈においてサイバー・

セキュリティを議論する場合には、それに関する既存の国際法が適用されることを主張している[18]。

2007年のエストニア、2008年のグルジア、リトアニアなど複数のサイバー攻撃事案が起きたことで、これまでとは状況が一変した中で設置された第2期GGE（2009〜2010年）は、第1期GGE（2004〜2005年）で積み残した課題に再度取り組み、情報セキュリティが国家安全保障にもたらすリスクについて報告書に記載することに成功した[19]。ただし、サイバー空間に現行国際法が適用可能であるかの論点は次の第3期に持ち越された[20]が、その第3期GGE（2012〜2013年）は、「国際法、とりわけ国連憲章」が、安全保障の文脈において情報セキュリティについて適用可能であることを初めて明言した点で高い評価を得ている[21]。

2．ロシア等による情報セキュリティ条約の提案

2011年になると、ロシアは、情報セキュリティに関する新たな国際条約の策定を目指し始める。ロシアは、これまで毎年提出する国連総会決議案において、「グローバルな情報通信システムの強化に資する国際的概念」（下線部は筆者）の検討を事務総長に対して要請してきたが、2011年以降は、「責任ある国家の規範、規則または原則」（同）を検討項目に加えるなど、法規範形成への関心を表し[22]、同2011年には別の総会決議案として「情報セキュリティのための国際行動規範」を中国、タジキスタン、ウズベキスタンとの共同で提出した[23]（ただし、これは議論を促すことを目的としており票決手続きには付されず）。なお、ロシアは、同趣旨の「国際情報セキュリティ条約」案を国連以外の国際会議の場でも提出している[24]。

この「情報セキュリティ国際行動規範」の主要な項目として挙げられているのは、「主権の尊重等、国連憲章の遵守」、「情報通信技術（ネットワークを含む）を用いた敵対的活動、侵略、国際の平和と安全に対する威嚇、情報兵器や関連技術の拡散の禁止」、「情報通信技術（ネットワークを含む）を用いた犯罪やテロ活動への対処、テロリズムや分離主義や過激主義を扇動するか、あるいは他国の政治、経済、社会的安定、宗教および文化的環境を議する情報を制限することについての協力」、「他国の権利を害するために国の資源、重要インフラ、中核技術その他の優位性が使われることを防止するための情報通信技術製品およびサービスのサプライ・チェーンのセキュリティの確保」、「国家の関連法規則に従うことを条件とする情報空間上の権利

と自由の完全な保障(情報の検索、取得、普及を含む。)」、「二国間、地域的および国際的協力の強化、情報セキュリティに関する国際規範、国際紛争の平和的解決、国際協力の改善を定式化する国連の重要な役割の増進、関連の国際機関との調整」、「本行動規範から生じる紛争の平和的解決および武力の行使や威嚇の禁止」である。

　一見すると、この国際行動規範の文言は、既存の国際法規範がサイバー空間でもそのまま通用することを確認しているかのように見える。しかし、真の意図はそうでないことが、次に引用する米国政府代表の発言からうかがえる。

　「(ロシア提案は)武力行使や武力紛争法などの現行国際法を排除し、新しく不明確な、また十分に定義されていない規則や定義に置き換えようとしている。また、主要な提案国(筆者注：ロシアか中国を指すものと推測される)が繰り返し主張するところによると、jus ad bellum や jus in bello ＊25のサイバー空間への適用は完全に否定されている。このような見解は、国際法上正当化されないし、インターネットが全く法の規制を受けないという誤った提案をすることによって、不安定さを生むすリスクがある＊26。」

3．ロシア政府の見解

　ロシア政府が2011年に発表した「国際情報セキュリティに関する条約案」＊27は、国連に提出された「情報セキュリティ国際行動規範」と比べてより内容が詳しい。これを見ると、ロシアが中国と同様に、社会を不安定化する情報の海外からの流入に敏感であることが読み取れる。他方、本条約案には、締約国が情報空間における表現の自由を保障すべき規定もおかれているが(第5条18))、ロシアが、表現の自由を定める「市民的及び政治的権利に関する国際規約」＊28 の締約国であることに鑑みると、情報の発受信を制限する根拠として主権概念を援用することは非締約国である中国と比較すると相当難しいはずである。

　また、本条約案は、「侵略的『情報戦』」に対する自衛権を定めているが(第5条11))、その「情報戦」の定義には「情報システム、プロセスおよび資源のほか、根幹構造物等に対する損傷(damage)を目的とする国家間紛争」(第2条)が含まれており、物理的損害の有無に着目する点では西側諸国

との間で共通の理解を育む余地があるものと思われる。なお、類似の文書としてロシアは2011年「情報空間におけるロシア連邦軍の活動に関する概念論」を発表しているが、その中では、情報戦に対する自衛権のほか、国際人道法（情報兵器の無差別的使用の制限、潜在的に危険な破壊力を持つ情報の特別な保護、背信的な情報戦への従事の禁止）の遵守が言及されており*29、このことからは西側諸国が描くサイバー戦像の少なくとも一部については、ロシアも認識していることがうかがえる。

4．中国政府の見解

「情報セキュリティ国際行動規範」の理解を助けるために、主要共同提案国である中国政府の見解にも触れておきたい*30。中国政府は、国連憲章や武力紛争法がサイバー空間に適用されること自体は否定していない。ただし、それは、サイバー空間の平和利用、インターネットの軍事化への反対、サイバー兵器の第一使用の禁止という意味においてであることに留意する必要がある。このような中国政府の基本的立場は、現行国際法は修正を加えなければサイバー空間に適用されないとする点で、ロシア政府の立場と一致している。

また、中国政府は、サイバー空間における武力の行使と威嚇を最大限回避し、サイバー戦争の発生を防止するという基本目標を掲げるが*31、これは一見すると西側諸国の政策に類似するものの、中国政府が外交の場で実際に主張してきたのは、むしろサイバー攻撃に対して自衛権を発動することは法的に不可能という立場である*32。2011年米国、オーストラリア、ニュージーランドの3カ国は、相互安全保障（ANZUS）条約の共同防衛の対象にサイバー攻撃が入る旨を確認したが、これに対して中国政府は上記の立場から強い懸念を示している*33。こうした一連の主張の背景には、次のような思惑があると推察される。すなわち、サイバー空間では攻撃より防御が圧倒的に不利であるところ米国は物理領域と同様サイバー空間でも優越的地位を有しており、米国の自国に対するサイバー攻撃を封じるためには、一切の軍事的利用を禁止する他ないという危機感である。

Ⅲ　タリン・マニュアルの考察

西側諸国側と中露等の国々との間ではサイバー・セキュリティに関する立

場が鋭く対立しており、サイバー空間に現行国際法がどのように適用されるかについて、国連で合意が成立する見込みは現時点では低い。双方の陣営は、それぞれ地域的枠組みか、または同じ利害を有する国同士の対話を推進しているが*34、NATOは、その地域的枠組みの主要な一つであり、かつ軍事問題を扱う枠組みであることから、エストニアはサイバー戦争の法的側面を議論するのに最適な場所とみなしたものと思われる*35。

1．エストニアのサイバー・イニシアチブ

タリン・マニュアルのプロジェクトを遂行したのは、前述のようにNATOサイバー防衛センターだが、同センターの創設に深くかかわったのは2007年に大規模なサイバー攻撃を受けたエストニアである。

エストニアは、事件直後からサイバー犯罪に関連する条文を追加し量刑を引き上げるなどの刑法の改正作業に取り組んだが*36、それにとどまらず2008年には国家安全保障の観点からサイバー問題に対処するための『サイバー・セキュリティ戦略』*37を採択した。本文書策定の目的は、次のように説明されている

「情報通信技術が国家の機能を阻害するために、またプロパガンダのために使われうることはエストニアの経験で明らかになったが、サイバー犯罪を扱う唯一の国際文書であるサイバー犯罪条約は、締約国も少なく多数国間の捜査共助には限界がある。その上、条約上の対象犯罪は物に対する非組織的犯罪のみに限られており、エストニアが経験した種類のサイバー攻撃には十分に対応できない*38。」

上記の立場は、従来のサイバー犯罪とは質的に異なる脅威がサイバー空間に新たに生起したという問題意識を出発点にしている。そのサイバー犯罪とサイバー戦争の違いについて、本文書は、攻撃の動機（解明はしばしば不可能）ではなく、攻撃の方法と損害の程度にあると説明する*39。ただし、特に後者のサイバー戦争については、今のところ国際的な合意は確立していないため、エストニアが国際的な場で主導的役割を果たすことによって法形成を促し、それがひいてはエストニアのサイバー・セキュリティの強化につながると本文書は綴っている*40。実際に、エストニアは、二国間対話のみならず多国間レベルでも、欧州評議会、EU、OSCEなど様々な場での議論に

イニシアチブを発揮し、NATO では初の「サイバー防衛政策（NATO Policy on Cyber Defence）」の策定にも貢献した＊41。

ただし、国連とのかかわりについては、この『サイバー・セキュリティ戦略』でも言及が少なく、少なくともサイバー・セキュリティに関する法形成に関してエストニアが国連に対して積極的な期待や関心を寄せていたとは言い難い。エストニアは、2009年、国連事務総長の勧誘に応じて国連総会第1委員会のサイバー・セキュリティ GGE の一員となり2010年および2013年の報告書の作成には尽力したが、ロシアのように総会決議案を提出するようなことは一度もなく、また、毎年恒例のロシア提案による総会決議が加盟国に要請していたサイバー・セキュリティに関する意見照会にも、少なくとも2011年までの間一度も応じた記録はない＊42。

しかし、エストニアが NATO を議論の場として選んだ理由は、当時、エストニアの最大の関心事が、サイバー攻撃を北大西洋条約第5条に定める共同防衛の発動対象に追加することにあったことと強く関係しているものと思われる。エストニアが当時主張した第5条のサイバー攻撃への自動的適用＊43は、結局他の加盟諸国から受け容れられず、NATO では現在もまだ議論が続いているが、自国の防衛を NATO に依存するエストニアにとっては、他の加盟諸国の理解を得ることは死活的に重要な問題である＊44。

こうして、NATO のサイバー防衛能力の強化、とりわけそれに資する研究開発を任務とする NATO 防衛センターが2008年5月14日エストニアのタリンに設立され、来るべきサイバー戦争に備えて国際法上の論点を整理する研究プロジェクトが始動した＊45。開始にあたり監修者として招へいされたのは、かねてよりサイバー戦争概念を提唱する人物であった。

2．タリン・マニュアルの概要

タリン・マニュアルは、サイバー空間のみで戦われる戦闘（cyber-to-cyber operations, strictu sensu）を考察対象とし、サイバー戦争未満の平時の問題については扱っていない。サイバー武力攻撃への反撃を必ずサイバー空間で行わなければならない規則は存在しないとは米国政府の弁であるが＊46、従来の戦闘方法を組み合わせる限りでは現行国際法の解釈適用に従えばよい。

タリン・マニュアルの内容は大別すると、第1に国際サイバー安全保障法（自衛権等 jus ad bellum を扱う）と、第2にサイバー武力紛争法（jus in bello)に分類される。両者は本来、相互に関係のない別々の法規範であるため、武力紛争法は、侵略国であるか被害国であるかにかかわりなく、戦争被害者や民用物の保護という観点から等しく適用されなければならない。ただし、あるサイバー・オペレーションについて、一方で自衛権を発動しながらサイバー戦争の存在を否定することは不可能である。自衛権の行使が軍事力の行使を伴うものである以上、軍事力の使い方を具体的に規制する法が存在しないのは、法として不備であることのそしりを免れない。サイバー・オペレーションに対する法的評価は、隣接する法規範の間で共通であることが望ましく、タリン・マニュアルが双方の分野を取り上げて、共通の提言を行うのもそのためである。

　タリン・マニュアルは、基本原則と、それに引き続く注釈で構成されているが、前者は国際専門家会合がサイバー戦について適用可能な現行法（lex lata）＊47 として合意した内容、後者は、細部について専門家が示した様々な見解である。以下本稿では、jus ad bellum と jus in bello のそれぞれについて基本的論点を一つずつ取り上げる。

(1) 国際サイバー安全保障法

　タリン・マニュアルは、基本規則として、国家は、サイバー空間における武力の行使および威嚇を禁止されるが＊48、その例外としてサイバー武力攻撃の被害国は、自衛権を発動することができる＊49 と述べる。この基本規則そのものについて専門家グループは一致したが、その武力に何が含まれるかについてタリン・マニュアルは極めて独特な見解を提示している。

①武力の定義

　同注釈によれば、従来の兵器と同様に人の死亡、傷害または物の破壊をもたらすサイバー・オペレーションだけが現行法上、武力行使に該当する＊50。しかし、そのような物理的損害を発生させないサイバー攻撃も、将来、武力行使として認定される可能性があり、それを国家が判断するにあたっては、次の8つの要素が目安になりうるという。その8つとは、結果の重大性、結果の即時性、直接的因果関係の存在、侵入の度合い、結果の計測可能性、軍事的性格の有無、国家の関与の有無、禁止規則がなければ当該行為は許容されるという合法性の推定である。ただし、これら8つは例示であり、その時々の政治環境など様々な他の要素も考慮に入れる余地があるという。また、サービス妨害（DoS）攻撃のように単に不便さをもたらす程度のものであれば、武力と認定される可能性はないが、経済の混乱を引き起こす大規模なも

のについては武力と認定される可能性があると述べられている*51。

なお、タリン・マニュアル注釈には直接の言及はないが、マニュアル監修者の論文によれば、2007年の対エストニア攻撃は、ロシアに帰属することを条件として武力行使に該当することが肯定されており*52、少なくとも一部の専門家は立法論としてではあるが「武力」の範囲を広く捉えていたことがうかがえる。

②集積した武力攻撃、先制的自衛

また、個々のレベルでは武力攻撃に至らないサイバー武力行使が連続して行われるなど集積した結果、甚大な「規模と効果」に達する場合には武力攻撃に該当するという点で専門家は一致した*53。したがって、上記①で論じた武力行使（国連憲章第2条4）の定義は、武力攻撃（同第51条）の定義に大きな影響を与える。

さらに、被害国は有効な防御措置をとる最後の機会である場合に、先制的自衛権を発動することができるという点でも、大半の専門家は一致した*54。先制論は、攻撃の着手から損害発生までの一連の過程が瞬時に完成するサイバー攻撃の特性に照らして特に要請されるという*55。

さきにも触れたように米国などの一部の国々は、サイバー攻撃が一定の場合に武力攻撃に該当し、それに対して自衛権で対処できることを主張しており、タリン・マニュアルの基本的枠組みは、こうした西側諸国の政策に適ったものになっている。武力の範囲については解釈上の論争もあるものの、海上封鎖のように物理的損害の有無とはかかわりなく侵略の推定が働くものもまた従来から知られており*56、タリン・マニュアルが示唆したような、社会の大混乱を引き起こすサイバー・オペレーションが武力攻撃とみなされる日も将来、到来するかもしれない。それは、まさしくエストニアが2007年に主張した内容である。

(2) **サイバー武力紛争法**

サイバー戦に武力紛争法が適用されるという仮説の提示は、実はタリン・マニュアルが初めてではない。2009年に完成した「空ミサイル戦に適用される国際法 HPCR マニュアル」*57 は、一定のコンピューターネットワーク攻撃について適用可能性を肯定しており、少なくとも西側諸国の政府関係者の間では、サイバー手段が戦争の手段・方法として活用されうることが広く認識されていたことがうかがえる。

もっとも、在来型兵器と同等の物理的被害をもたらすサイバー攻撃が武力

紛争法の適用を受けることは、そもそも異論の余地がなく、むしろ、より注目されるのは、本マニュアルが電子戦について論じている箇所である。通例、電子戦の中でも電波妨害（ジャミング）は、その効果として物的破壊を伴わないが、本マニュアルでは、それが武力紛争法上、各種の規制を受ける法律行為に該当することを確認している*58。本文書は、タリン・マニュアルと同じく非拘束的文書ではあるが、諸国の一般的実行などから抽出された現行国際法の再定式化を狙いとしていること、さらに本文書で記された電子戦についての見方は、おそらく多くの国が賛同することが推測されることなどを勘案すると、電波妨害と同様に地上レーダーを壊すことなく、ただその機能を阻止するだけのサイバー攻撃が武力紛争法上の法律行為に該当すると断定することは、あながち奇異な議論ではないだろう。ただし、本文書では、インターネットの一時中断などの非法律行為と法律行為の境界は不分明であると述べるにとどまっており*59、その詳細な議論を託されたのがタリン・マニュアルであると言える。

　サイバー攻撃に武力紛争法が適用される状況は、厳密には２つある。まず、第１に2008年のロシア対グルジア間戦闘のように、在来型兵器の使用によって始まった国際法上の戦争の中で、今述べたようなレーダー施設の妨害を始めとする様々なサイバー攻撃を行う場合である。第２に2007年エストニア事案のように、サイバー攻撃だけで国際法上の戦争を始めることができるかという問題もある。ただし、以下に論じるようにその可能性はさほど高くないとされている。この分野の基本条約である1949年ジュネーヴ諸条約では、この国際法上の戦争を「武力紛争」という語に言い換えているため、以下では、「武力紛争」という語で考察を進める。

①サイバー武力紛争の発生要件

　武力紛争の種類には、第１に国家間で戦う国際武力紛争と、第２に非国家主体を一方当事者として戦う非国際武力紛争（内戦を含む）の２種類があるが、タリン・マニュアルはそれぞれについて次のような定義をおいている。

・国際武力紛争：２以上の国の間で敵対行為が行われるすべての場合*60
・非国際武力紛争：政府軍と武装勢力との間、または武装勢力間の持続的な軍事行動。この軍事行動は、<u>最低限の烈度要件</u>を満たし、かつ、紛争当事者は最低限の組織性を備えていなければならない*61。（下線部は筆者による）

下線で示したように、特に非国際武力紛争については烈度要件が課されているため、例えば、政府軍と反徒との間の衝突が1回きりで、しかも短期間で終了した場合には、単なる「国内における騒乱及び緊張の事態」*62 とみなされ、内戦とは認定されない。また、すべての活動をオンライン上で行う仮想組織が組織性要件を満たすか否かについては専門家の間でも懐疑的な見方があり*63、この烈度と組織性の2要件を総合すると、サイバー空間のみで非国際武力紛争が成立する確率は低いというのがタリン・マニュアルのみたてである*64。

　国際武力紛争についても一定の烈度要件を主張する専門家もいたが、いずれにしてもその烈度基準は比較的低く、また個別の事例ごとに評価をすることが適当であるとされた*65。この烈度基準を重視すれば、物的破壊を伴う場合でも単発のサイバー攻撃だけで国際武力紛争を発生させることはないが、その一方で、なんら物理的被害が発生しなくとも海上封鎖のように即時に戦時に移行する場合があることも広く知られており、それ故、従来の議論に照らして結論を下すことはほぼ不可能である。もっとも、タリン・マニュアルの専門家グループは、在来型兵器に頼らずサイバー手段のみで国家間戦争が開始される潜在的可能性に全員が一致したようである*66。

②「攻撃」に該当するための損害の範囲

　米国国防省は早くも1999年にはサイバー・オペレーションにかかわる国際法上の評価を公表しているが、サイバー・オペレーションを武力紛争中に行う場合、既存の法原則の適用に特に困難はないと述べている*67。なぜなら、そのサイバー・オペレーションが従来の兵器と同様に人を殺傷し、物を破壊する効果を持つ限りで、兵器の種類を区別する理由はないからである。タリン・マニュアルも、この見解にならっており*68、一般住民に死傷者を出すか、民用物を破壊するなどの物理的損害をもたらすサイバー攻撃は、武力紛争法の規制を受けるとしている。

　ただし、物理的には破損していないが、端末が機能を停止するような場合、どこまでの非物理的被害を法の保護対象に含めるかについて専門家グループは結論に達することができず、この点については学説上、鋭い批判が加えられている*69。専門家の多くは、損害の定義を拡大する必要を感じ、単なる機能停止の場合でも、それを回復させるために部品や装置の交換を要する場合を「損害」の範囲に入れたが、例えばOSの再インストールによって復旧

が可能な場合までが含まれるかについては意見が分かれた*70。最も極端な場合として、一時的にでも装置等を無力化するサイバー攻撃を規制対象に含めるとなると、例えば民生利用の電気、水道や、銀行のATM（現金自動預払機）を止めるなどのサイバー攻撃が武力紛争法違反ということになるが、そうした規則が国家間で確立する可能性は低く思われる一方で、多数の患者の病状の悪化または死亡など深刻な事態を引き起こす病院への電力供給の停止が、一時的な機能停止を理由に法の規制外に置かれるのは、武力紛争法の趣旨目的に反する、という考え方もありうる*71。

　この論点を別の角度から考える例として、内戦中の正規軍ないし非国家武装勢力のいずれにも属さないハッカーがいたとする。彼は、敵対行為に直接加わらないことを条件として、いずれの側からも攻撃を受けないという保護を武力紛争法上与えられている*72。しかし、このハッカーが民生専用の重要インフラに対してサイバー攻撃を行い、その結果、大規模な火災や洪水が発生した場合、彼は敵対行為に加わったとみなされ武力紛争法上の保護を失い、攻撃を受けて命を落とすこともありうる。他方、そのサイバー攻撃が軽微であり一時的に作動を止めたにすぎない場合には、従来の解釈によれば敵対行為とはみなされず、ハッキングを理由に敵から殺傷されることはない*73（ただし、サイバー犯罪の容疑者として逮捕される可能性はある）。しかし、自己に有利な戦いを進めたい国は、こうしたハッカーをあらゆる場合に殺害することを作戦上望ましいと考え、それを正当化するため拡大解釈をするかもしれない。

　このように、サイバー攻撃に該当するための「損害」の範囲をいかに解釈するかで、民用物や一般住民に与えられる武力紛争法上の保護は狭くもなり広くもなるが、現実的に受け入れ可能な範囲で、早急に合意を形成することが肝要である。

おわりに

　本稿は、タリン・マニュアルの特色を明らかにすべく、1990年代後半以降国連で進められてきたサイバー・セキュリティをめぐる議論をたどってきたが、それによって判明したのは、国連における合意形成がいかに困難かということである。現行国際法がサイバー空間に適用されることについては、現在、多くの国が合意しているものの、具体的にどう適用するかについては、

中国やロシア等の国々と、西側諸国の立場との間で深い溝があり、それが埋まる気配は今のところ感じられない。

　そうした中で、早期のルールの定式化を何より切実に感じたのは2007年に大規模なサイバー攻撃を経験したエストニアである。サイバー犯罪については既に各国間の協力を定める国際条約があるのに対して、国家安全保障の観点からサイバー・セキュリティに対応するための国際的枠組みは当時まだ存在せず、少なくとも政府間レベルでは、議論さえも未成熟な状態であった。中国もロシアも、国連憲章がサイバー空間に適用される点については同意しているものの、特に中国は、サイバー攻撃に対して自衛権を発動できるという考え方そのものに対して異議を唱えているとも伝えられており、それに対してエストニアは、サイバー攻撃が自衛権の発動対象であるという認識を少なくとも同盟国や友好国との間で共有しておくことが、国家の存立を維持するためにも不可欠であると考えたに違いない。その観点から眺めると、細部の解釈についてはまだ論争を残すものの、サイバー攻撃に対する自衛権という基本的な枠組みを提示した点で、タリン・マニュアルはエストニアにとって大いに意義のあるものとなった。また、「現行国際法」を提示しながらも非拘束的文書として刊行されたことは、サイバー・セキュリティに関する新規の国際条約は不要とみなす米国などの政策にも十分適うものであった。

　中国やロシアの反論を目の前にして、果たしてその枠組みが現行法と言い切れるのか疑問視する国も出てくるかもしれないが、それは、サイバー・セキュリティへの関心が今まで薄かった国々が自国の法政策を見直す契機となるであろう。

　サイバー空間が自衛権の適用対象であるという理解を共有する国との間で次に議論すべきは、サイバー空間における武力攻撃の定義である。その点につき、タリン・マニュアルは非物理的ではあるが深刻な被害をもたらすサイバー攻撃が、将来、自衛権の発動対象となりうる可能性を示唆した点で、新たな解釈適用の方向性を提示した。これを支持する国は今日まだ少ないかもしれないが、この文書の刊行によって、同盟国間の議論はより一層加速化するであろう。

　また、サイバー空間に自衛権が適用されるのであれば、その具体的な方法についてのルールも併せて定式化することが必要である。軍事力の発動を法的に許可しても、その使い方が野放しにされれば、結局、戦争犠牲者や民用物は様々な戦争の危険にさらされるからである。その軍事力の具体的な使い

方を規制するのが武力紛争法だが、タリン・マニュアルがこの問題について
も多くの紙幅を割いているのは実務の観点からも有益である。サイバー戦の
中でも、物的効果を伴うものについては在来型兵器の類推により、また、物
的効果を伴わないものでも軍事施設を標的とするものについては、電子戦か
らの類推により武力紛争法の適用を肯定することは比較的容易であるが、民
用物に対するサイバー・オペレーションのうち、武力紛争法の保護を受ける
範囲を確定することは今後の課題である。

　ただし、そのようにして西側諸国の間で共通の理解が形成されても、深刻
なサイバー攻撃の被害が両陣営をまたがって生じた場合には、双方の法的主
張が平行線をたどるだけである。共通の理解を促進すべく、より積極的かつ
真剣な対話が持たれることが望まれる。

＊1 Michael N. Schmitt, ed., *Tallinn Manual on the International Law Applicable to Cyber Warfare: Prepared by the International Group of Experts at the Invitation of The NATO Cooperative Cyber Defence Centre of Excellence* (Cambridge University Press, 2013).
＊2 上記の正式メンバーに加えてNATO変革連合軍（Allied Command Transformation）、米軍サイバー・コマンドおよび赤十字国際委員会（ICRC）がオブザーバー参加した。
＊3 同報告書20項「国家主権およびその帰結としての国際規範や原則は、情報通信技術に関連する国家の活動や、国家領域内の情報通信技術インフラに対する国家の管轄権に適用される。Report of the Group of Governmental Experts on Developments in the Field of Information and Telecommunications in the Context of International Security, A/68/98, 24 June 2013, para 20.
＊4 Harold Hongju Koh, International Law in Cyberspace: Remarks as Prepared for Delivery by Harold Hongju Koh to the USCYBERCOM Inter-Agency Conference Ft. Meade, MD, 18 September, 2012.
＊5 山本草二『国際法【新版】』有斐閣、1994年、231〜232頁。
＊6 Wolff Heintschel von Heinegg, "Legal Implications of Territorial Sovereignty in Cyverspace," in Christian Czosseck, Rain Ottis, and Katharina Ziolkowski, eds., *Proceeding of 2012 4th Conference on Cyber Conflict* (NATO CCD COE Publication, 2012), pp. 9-10.
＊7 Information Office of the State Council of the People's Republic of China, *The Internet in China*, 8 June 2010, V. Protecting Internet Security, http://news.xinhuanet.com/english2010/china/2010-06/08/c_13339232.htm

*8 Min Jiang, "Authoritarian Informationalism: China's Approach to Internet Sovereignty," *The SAIS Review*, Vol.30 (2010), p.72.

*9 Yi Wenli, "Divergence and Co-operation between China and the U.S. on the Cyberspace Issue," *Contemporary International Relations*, Vol. 22 Issue 4 (2012), p. 132;「ネットで『虚偽の噂』を広めると３年間勾留：中国」*Wired Japan online*, 2013年10月2日 http://wired.jp/2013/10/02/china-apps/

*10 Keir Giles, "Russia's Public Stance on Cyberspace Issues," in Czosseck, Ottis, and Ziolkowski, eds., *Proceeding of 2012 4th Conference on Cyber Conflict*, p. 65.

*11 "Developments in the Field of Information and Telecommunications in the Context of International Security".

*12 1998年以降の総会採択決議は、次の通り。A/RES/53/70, A/RES/54/49, A/RES/55/28, A/RES/56/19, A/RES/57/53, A/RES/58/32, A/RES/59/61, A/RES/60/45, A/RES/61/54, A/RES/62/17, A/RES/63/37, A/RES/64/25, A/RES/65/41, A/RES/66/24, A/RES/67/27, A/RES/68/243. なお、ロシア政府は、それまでほぼ単独で決議案を提出してきた方針を第61会期（2006年）を境に転換し、以後共同提案の形をとったが、日本政府は翌第62会期（2007年）から第65会期（2010年）までこの共同提案国に加わった。

*13 Report of the Group of Governmental Experts on Developments in the Field of Information and Telecommunications in the Context of International Security, A/65/201, 30 July 2010, and A/68/98, 24 June 2013.

*14 2004年7月13日付米国政府の国連事務総長あて書簡 A/59/116/Add.1, p.3, para 4.

*15 Eneken Tikk-Ringas, *Developments in the Field of Information and Telecommunication in the Context of International Security: Work of the UN First Committee 1998-2012* (ICT4Peace Publishing, 2012), p. 7.「GGEは、第1に情報通信技術の発展が国家安全保障や軍事に与える影響について意見の一致をみず、国家がそうした目的で情報通信技術を利用することによってもたらされるリスクについて言及するか否かについて合意することができなかった。第2の問題は、情報インフラのみならず情報コンテンツの論点も扱うべきか否かについてであった。特に国境を超える情報コンテンツが国家安全保障上の問題として規制されるべきかについて意見の相違が存在した。」The UN Office for Disarmament Affairs (UNODA), Fact Sheet, June 2013, p. 1, http://www.un.org/disarmament/HomePage/factsheet/iob/Information_Security_Fact_Sheet.pdf

*16 2009年以降、第1委員会では票決手続きがとられていない。なお米国は2011年（第65会期）に限り共同提案国に名を連ねている。

*17 General Assembly official records, 60th session: 1st Committee, 13th meeting, Monday, 17 October 2005, New York, p. 18, A/C.1/60/PV.13.

*18 Report of the Secretary-General, II. Reply received from the United States of America, pp. 18-19, A/66/152.
*19 「情報通信技術は、汎用性があるため、電子商取引を行うのと同じ技術が国際の平和と国家の安全保障を脅かすために使われることもありうる。」A/65/201, p.6, para 4.
*20 第2期 GGE 報告書は、「集団的リスクを低減し、国および国際的な重要インフラを保護するため、国が情報通信技術を利用する際にかかわる規範を国家間の対話の中で議論するよう」勧告した。Ibid., p. 8, para 18 (i).
*21 同報告書は、「国際法、とりわけ国連憲章は適用可能であり、平和と安定の維持およびオープンで、安全、平和的、かつアクセス可能な情報通信技術環境の促進にとり不可欠である」ことを勧告した。A/68/98, p. 8, para 19. 米国国務省報道官も「国連憲章に加えて、ジュネーヴ諸条約および武力紛争法は、国際関係にとり必須のものであり、特に国家間の活動が盛んであるサイバー空間については重要な意味を持つ。」と述べてこの報告書をたたえているが、同報告書本文は武力紛争法には言及していない。Statement on Consensus Achieved by the UN Group of Governmental Experts On Cyber Issues, Press Statement, Jen Psaki, Spokesperson, Office of the Spokesperson, Washington, DC, 7 June, 2013, http://www.state.gov/r/pa/prs/ps/2013/06/210418.htm
*22 General Assembly Resolution adopted on 2 December 2011, A/RES/66/24, 13 December 2011.
*23 International Code of Conduct for Information Security: Annex to the Letter dated 12 September 2011 from the Permanent Representatives of China, the Russian Federation, Tajikistan and Uzbekistan to the United Nations addressed to the Secretary-General, A/66/359, 30 July 2010.
*24 ロシアは、今後の議論の促進を目的として第2回安全保障問題に関する国際会議（於エカテリンブルク）において「国際情報セキュリティに関する条約案」を提出した。本会議には50カ国以上の政府高官が参加した。General Assembly official records, 66th session: 1st Committee, 17th meeting, Thursday, 20 October 2011, New York, A/C.1/66/PV.17, p. 15.
*25 なお、国連憲章第2条4の武力行使や、第51条の武力攻撃に対する自衛に関する国際法を jus ad bellum、戦闘中の行動を規制するものを jus in bello、または武力紛争法と呼ぶが、各国文書でも、これらの用語は互換的に用いられており本稿もそれにならう。
*26 Statement of the Delegation of the United States of America to the Other Disarmament Issues and International Security Segment of Thematic Debate in the First Committee of the Sixty-seventh Session of the United Nations General

Assembly, 2 November, 2012, U.S. Department of State, *Digest of United States Practice in International Law* (2012),p. 601.
* 27 Ministry of Foreign Affairs of the Russian Federation, Convention on International Information Security (Concept), http://www.mid.ru/bdomp/ns-osn doc.nsf/1e5f0de28fe77fdcc32575d900298676/7b17ead7244e2064c3257925003bcbcc!OpenDocument
* 28 国際規約では、「国民の生存を脅かす公の緊急事態の場合」（第4条）のほか、「国の安全、公の秩序又は公衆の健康若しくは道徳の保護」（第19条2）の目的に限り、必要な限度において表現の自由の制限を認めている。
* 29 Russian Ministry of Defence, "Conceptual Views Regarding the Activities of the Armed Forces of the Russian Federation in the Information Space," translated by the NATO CCD COE, p. 6.
* 30 Li Zhang, "A Chinese Perspective on Cyber war," *International Review of the Red Cross*, Vol.94, No.886 (2012), pp. 801-807.
* 31 Ibid., pp. 803-804.
* 32 Matthew C. Waxman, "Self-Defensive Force against Cyber Attacks: Legal, Strategic and Political Dimensions," *US Naval War College International Law Studies*, Vol.89 (2013), p. 115.
* 33 Zhang, "A Chinese Perspective on Cyber War," p. 805.
* 34 ロシアによる「国際情報セキュリティに関する条約案」の他、上海協力機構（SCO）の「国際情報セキュリティ保障政府間協力協定」や集団安全保障条約機構（CSTO）の「情報セキュリティシステム創設のための共同行動計画」がこれにあたる。
* 35 Eneken Tikk, "Global Cyber Security: Thinking About the Niche for NATO," *The SAIS Review of International Affairs*, Vol.30 (2010), pp. 106-109.
* 36 Eneken Tikk, Kadri Kaska, and Liis Vihul, *International Cyber Incidents: Legal Consideration* (NATO CCD COE Publication, 2010), pp. 28-29.
* 37 エストニア政府は、2007年秋に文書作成を指示し、国防省等の省庁間委員会が作成した同文書を翌年5月8日採択した。本文書は「社会の情報システムの脆弱性は、国家の安全保障の一つの側面であり、本格的な検討を早急に行う必要がある。」と述べている。Estonian Ministry of Defense, "Cyber Security Strategy for 2008-2013" (2008), p. 6, http://www.kmin.ee/files/kmin/img/files/Kuberjulgeoleku_strateegia_2008-2013_ENG.pdf#search='estonian+Cyber+Security+Strategy'
* 38 Estonian MoD, "Cyber Security Strategy," p. 21.
* 39 Ibid., p. 10.
* 40 Ibid., pp. 30-31.

＊41 NATO Parliamentary Assembly, *Committee Reports*, 2009 Annual Session, 173 DSCFC 09 E bis - NATO and Cyber Defence, para 26, http://www.nato-pa.int/default.asp?SHORTCUT=1782
＊42 Tikk-Ringas, *Developments in the Field of Information and Telecommunication*, p. 13, Table 3: National Replies 1999-2011. 回答を送付した国の総数は49カ国である。
＊43 NATO Parliamentary Assembly, *Committee Reports*, para 59.
＊44 2014年9月に開催された NATO 首脳会合では、サイバー攻撃が NATO の集団的自衛の発動対象となることが確認された。
＊45 Rain Liivoja and Tim McCormack, "Law in the Virtual Battlespace: The Tallinn Manual and the Jus in Bello," *Yearbook of International Humanitarian Law*, Vol.15 (2012), p. 46.
＊46 米国『サイバー空間の国際戦略』は、サイバー空間の敵対行為に対して米国は自衛のために必要なあらゆる手段を用いると述べている。US White House, International Strategy for Cyberspace, May 2011, p.14; U.S. Department of State, *Digest of United States Practice in International Law* (2012), p. 595.
＊47 Schmitt, *Tallinn Manual*, p. 19.
＊48 Ibid., Rule 10, pp. 42-43.
＊49 Ibid., Rule 13, p. 54.
＊50 Ibid., Rule 11, para 8, pp. 47-48.
＊51 Ibid., Rule 11, paras 9,10, pp. 48-52.
＊52 Michael N. Schmitt, "Cyber Operations and the Jus ad bellum Revisited", *Villanova Law Review*, Vol.56 (2011), p. 577.
＊53 Schmitt, *Tallinn Manual*, Rule 13, para 8, p. 56.
＊54 Ibid., Rule 15, para 4. pp. 64-65.
＊55 先制論自体は、米国政府が従来から維持する方針であり決して新しくはないが、サイバー空間の特性が現代的な解釈を要請するという点で従来の先制論とは異なり、しかもこの学説は、既に米国政府によって導入されているという。Michael N. Schmitt, "The Law of Cyber Warfare: Quo Vadis?" *Stanford Law and Policy Review*, Vol.25 (2014), p. 14.
＊56 1974年国連総会決議「侵略の定義」第3条（c）。
＊57 Program on Humanitarian Policy and Conflict Research at Harvard University, *Commentary on the HPCR Manual on International Law Applicable to Air and Missile Warfare* (2009), p. 34.
＊58 Ibid., p. 37.
＊59 Ibid., pp. 28, 34.

*60 Schmitt, *Tallinn Manual*, Rule 22, p. 79.
*61 Ibid., Rule 23, p. 84.
*62 1977年ジュネーヴ諸条約第2議定書第1条2「この議定書は、暴動、独立の又は散発的な暴力行為その他これらに類する性質の行為等国内における騒乱及び緊張の事態については、武力紛争に当たらないものとして適用しない」。
*63 Schmitt, *Tallinn Manual*, Rule 23, paras 13, 14, pp. 89-90.
*64 Ibid., Rule 23, para 2, p. 85.
*65 Ibid., Rule 22, para12, pp. 82-83.
*66 Ibid., para. 15, p. 84.
*67 US Department of Defense, Office of General Counsel, "An Assessment of International Legal Issues in Information Operations," 2nd ed. (November 1999), in *US Naval War College International Law Studies*, Vol.76, Appendix (1999), pp. 459-529.
*68 Schmitt, *Tallinn Manual*, Rule 30, p.106. もっとも1977年ジュネーヴ諸条約第1追加議定書第51条2は、「文民たる住民の間に恐怖を広めることを主たる目的とする暴力行為又は暴力による威嚇」を禁止しており、法の趣旨目的に照らして、また類推適用によって精神的苦痛も保護対象に含まれる (Ibid., para 8.)。
*69 Dieter Fleck, "Searching for International Rules Applicable to Cyber Warfare: A Critical First Assessment of the New Tallinn Manual," *Journal of Conflict and Security Law*, Vol.18 (2013), pp. 341-342.
*70 Schmitt, *Tallinn Manual*, Rule 30, para 10, pp.108-109.
*71 Knut Dörmann, "Applicability of the Additional Protocols to Computer Network Attacks," in Karin Byström, ed., *Proceedings of the Conference: International Expert Conference on Computer Network Attacks and Applicability of International Humanitarian Law, 17-19 November 2004* (Swedish National Defence College, 2004), pp. 139-153; Fleck, "Searching for International Rules Applicable to Cyber Warfare," p. 341.
*72 1977年ジュネーヴ諸条約第2追加議定書第13条3は「文民は、敵対行為に直接参加していない限り、この編の規定によって与えられる保護を受ける」。国際武力紛争についてはこれと同文の1977年第1追加議定書第51条3による。
*73 Nils Melzer, "Cyber Operations and jus in bello," *Disarmament Forum* (2011), pp. 8-9.

海外論文翻訳

サイバー戦争は起こらない？*1

トマス・リッド（Thomas Rid）
宮内伸崇訳

I 序 論

　1930年代中頃、第一次大戦へと繋がる歴史的過程に閃きを得たフランスの劇作家ジャン・ジロドゥ（Jean Giraudoux）は、「トロイ戦争は起こらない（*La guerre de Troie n'aura pas lieu*）」という有名な戯曲を執筆した。イギリスの脚本家であるクリストファー・フライ（Christopher Fry）は1995年に、「トロイ戦争は起こらない」の第2幕を「門前の虎（*tiger at the gates*）」として翻訳した*2。物語の設定はトロイというゲートで囲まれた都市の内部で、幻滅したトロイ軍の指揮官であるヘクターが、カサンドラと名乗る予言者が不可避として予期したギリシャとの戦争を回避しようと思案を巡らしている場面から始まる。ジロドゥは第一次大戦のベテランであり、後にフランス外務省に勤務した。彼のこの悲劇―「トロイ戦争は起こらない」―は今にも戦争の惨禍を再び引き起こしつつあるヨーロッパの指導者、外交官、そして知識人に対して向けられた雄弁な批評であった。この劇作は1935年11月にパリのアテネ劇場（*Théâtre de l'Athénée*）で公開されたが、それは奇しくもジロドゥが抱いた恐怖が現実のものとなるちょうど4年前のことであった。

　サイバー戦争に関する最近の公式表明等から判断すると、世界は新たな「1935年という瞬間」を迎えようとしている。1993年に、「サイバー戦争来たる！（*Cyber War is Coming!*）」*3と、RAND研究所のジョン・アキーラ（John Arquilla）とデビッド・ロンフェルト（David Ronfeldt）によって宣言されてから、専門家たちがその意味するところを理解するには実際には少し時間がかかったが、2006年には、当時空軍長官であったマイケル・ウェイン（Michael Wynne）によって、「サイバー空間は、空軍が主に管轄する

分野である」と発表された。その4年後には、国防総省も本格的にサイバー活動に携わることになった。ウィリアム・リン（William Lynn）元国防副長官は、2010年に *Foreign Affairs* に掲載された論文において、「サイバー空間は人工的に作られた空間ではあるが、陸、海、空、そして宇宙空間と同程度に軍事作戦において欠かせない空間である」と既述している*4。同年には、ホワイトハウスにおいてサイバー政策の統括責任者であったリチャード・クラーク（Richard Clarke）が、9.11同時多発テロが見劣りするほど、サイバー戦争による被害は重大なものになるであろうと指摘し、今すぐにでもサイバー戦争被害を回避するための対策に政府は着手すべきであると訴えた*5。2011年2月には、当時 CIA 長官であったレオン・パネッタ（Leon Panetta）が、上院情報問題特別調査委員会で「将来の真珠湾攻撃が起こるとすれば、それはサイバー攻撃によるものである可能性が高い」と警告した*6。2010年には、高度に洗練されたコンピューターウイルス（通称 Stuxnet）がイランのナタンズ核濃縮施設—具体的には施設内のウラン濃縮用遠心分離機—に多大な損害を与えた可能性がある。米雑誌 *Vanity Fair* に掲載された特集記事は、Stuxnet を用いたイランへのサイバー攻撃事件が21世紀の破滅的な戦争行為の新たな様相を予期させるとし、「Stuxnet はサイバー戦争のヒロシマである（'Stuxnet is the Hiroshima of cyber-war'）」と結論付けている*7。

　しかし、それは本当であろうか？　サイバー戦争を予言するこれらの者たちは、歴史の正しい側にいるのであろうか？　本当にサイバー戦争は現実のものとなるのであろうか？　これらに対して、本論文は、サイバー戦争は起こらないと主張する。この主張は、ジロドゥの戯曲—「トロイ戦争は起こらない」—になぞらえたものでも、またそれに対する皮肉でもなく、文字通り、過去・現在・未来という時間軸を念頭に入れた上での主張である。要するに、「サイバー戦争は過去において起こったことがなく、現在においても起きていない。そして、予見できる将来においてもサイバー戦争が起こる可能性は極めて低い」ということである。むしろ過去の、そして現在の政治的動機に起因するサイバー攻撃は、戦争の起源と同様に古くから存在する 1) サボタージュ（sabotage）、2) エスピオナージ（espionage）、3) 破壊・転覆（subversion）という3つの行為が単により洗練されたものになったに過ぎず、それは将来においても変わらないであろう。

　本論文において、私は3つのステップに分けて議論を展開しようと思う。

まず初めに、サイバー戦争に関する疑問や質問に答える為のいかなる試みも、まずその概念の定義から始める必要がある。犯罪、或は攻撃行為が戦争行為として認識されるには一定の条件を満たす必要がある。それはつまり、1）いかなる戦争行為も死を招く可能性を有し、2）手段としての面を持ち、3）政治的目標を伴う必要がある。以上の3点を考慮すると、過去におけるサイバー攻撃のどの事例をとっても戦争行為の構成要件を満たしたものは存在しない。一方で、この事実は、もしサイバー攻撃が戦争行為でないのならば、それは一体何なのだという疑問を生じさせる。したがって、最終章では、実際のサイバー攻撃の実態をより上手く捉えた専門用語（terminology）を提示する。つまり、政治犯罪が、1）サボタージュ（sabotage）、2）エスピオナージ（espionage）、3）破壊・転覆（subversion）のいずれかを目的とするように、過去、そして現在における全てのサイバー攻撃も、上記の古典的な3つの活動の範疇に属す。したがって、結論部分において本論文は、サイバー攻撃の傾向や内包するリスクを指摘し、それに対する提言を行うことで結びとしたい。

II　サイバー戦争とは？

　カール・フォン・クラウゼヴィッツは、現代においてもなお「戦争」に関する最も簡潔な概念を我々に提示する。クラウゼヴィッツによる戦争概念は、主に3つの要素から構成され、独立した戦争行為を志向する―或は、そう見なされうる―いかなる防御及び攻撃行為もこの3つの基準の全てを満たす必要がある。しかし、過去のサイバー攻撃のどれをとっても、上記の基準すべてを満たすものは存在しない。
　クラウゼヴィッツが提示する戦争概念の第一要素は、戦争が有する暴力的な性質である。クラウゼヴィッツは、『戦争論』の第1頁で、「戦争とは敵に自らの意志を強制的に行わせる力を用いた行為である」と述べている*8。つまり、すべての戦争は、本質的に暴力的性質を有しており、反対に潜在的に暴力を伴わない行為は、戦争行為には該当しないとしている。したがって、「戦争（war）」という用語は、そのような場合、癌との「戦い（war）」又は肥満との「戦い（war）」という表現によって表されるように単に象徴的なものにしか過ぎなくなる。実際の戦争は、少なくとも当事者のどちらか一方にとっては、潜在的にも、実質的にも死を招くものである。要するに、戦

争とは、ジャック・ギブス（Jack Gibbs）の言葉を借りるとすれば、物理的暴力という要素が強調されない限り、なんら規則性のない概念の寄せ集めに過ぎない*9。クラウゼヴィッツはまた、暴力行為（violence）が戦争の要であると述べ、摩擦や予測不可能な出来事、そして政治的駆け引きによって抑制されない限り、戦争が起きた場合、当事者双方は、極限まで暴力をエスカレートしようと試みると考えた*10。

クラウゼヴィッツが強調した戦争の第二要素は、「戦争」が有する「手段」としての性質である。戦争は、常に目標に対する手段としての側面を有する。一般的に、手段として機能するには、達成したい「目標」とそれを実現する「方法」の2つが不可欠となるが、戦争では、物理的暴力、或は武力行使を手段として用いることで、相手（敵）に自らの意志を受け入れさせることを目的とする。このような定義は「理論的に必要」*11 とクラウゼヴィッツは述べているが、その理由として、戦争目的を実現する為には、当事者双方のどちらか一方は、最終的に、武装解除され対抗できない状態にされる必要があるからだと主張する。より正確に言うと、戦争目的を達成するには、相手或いは敵に、降伏を避けようと更に武力行使を継続することがデメリットしかもたらさないという状況に追い込み、たとえそれが意志に反するものだとしても、その状況を受け入れさせる必要がある。その意味で、完全に無防備な状態とは、上記のような状況の極致である。クラウゼヴィッツは更に、戦争の当事者双方は、暴力を手段として用いることで互いの行動様式及び行動規範を形成するようになる、と述べている*12。手段（means）の道具的使用（instrumental use）は、戦術、作戦、戦略、そして政治レベルのどの段階においても生じるが、求められる目標の戦略的階層が高ければ高いほど、達成するのは困難になる。クラウゼヴィッツは、「政治的意図こそが戦争の目的であり、戦争は単なる手段に過ぎない。したがって、目的を理解せず手段を理解することは不可能である」*13 と述べているが、これは、戦争概念におけるもう一つの主要な性質の存在を明らかにする。

クラウゼヴィッツが見出した戦争の第三要素は、戦争の政治的な性質であり、戦争とは常に政治的な行為であるということだ。敵を倒し、降伏させるといった戦術・作戦レベルでの目標は、指揮官や戦略家をより高次元の戦争目的から一時的に盲目にさせる場合がある。戦争とは、決して孤立した単独行為ではなく、また一つの決断によって決するものでもない。現実世界において、戦争の究極的な目標は、常に政治的なものであり、それ故、戦争は単

なる武力行使を超越する。これに関しては、「戦争とは、他の手段をもって継続する政治の延長である」というクラウゼヴィッツの最も有名な言葉がその本質を上手く表している*14。また、政治的であるためには、それがいかなる政治的存在及び政治的代表者であっても—また、それがどのような構成形式であれ—、意図や意志を持っているだけでなく、それらを明確に提示する必要がある。更に、万一戦争が起きた場合には、当事者一方の「意志」は、必ずしも公然と伝えられる必要はないが、紛争のどこかの時点で敵に伝達される必要がある。同様に、いかなる暴力行為及びそれに付随する高次元の政治的意図に関しても、当事者のどちらか一方に帰属する必要があり、最後まで戦争の原因が当事者双方に帰属しなかった例は歴史上存在しない。

　最後に、上記で論述したクラウゼヴィッツの戦争の3つの構成要件が、サイバー攻撃に当てはまるかを検討する前に、もう一点確認しておく必要がある。それはつまり、いかなる軍事行動においてもその中心となる要素は、「力の行使」であるということだ。伝統的か非伝統的かに関係なく、ほとんどの武力紛争において、武力行使とは、F-16による空爆、大砲による集中砲火、ドローン攻撃、そして道路脇に仕掛けられた簡易爆発物（IED）、或は公共施設での自爆攻撃等、程度の差があっても直接的で単純なものである。このような武力行使の場合、爆弾を起爆し、銃の引き金を引くことだけでなく、例えそれが巡航ミサイルやドローンといったリモートコントロールやタイマーを用いるものであっても、更にプログラム化された兵器システムがどのターゲットと交戦するかを半ば自動的に決めたとしても、戦闘員や反乱者が行うこれらの行為は直に死傷者を生む原因となるが*15、この点に関して、サイバー戦争は、従来のものとは全く異なる恐れがある。

　サイバー戦争における実際の「武力行使」は、我々が想像する以上に複雑な因果連鎖を経て行われる*16。よく想起されるシナリオとして、例えば台湾海峡を巡って政治的危機が生じた場合における中国による米国本土へのサイバー攻撃が挙げられる。中国は、アメリカの電力供給網に予め組み込まれたロジック爆弾—あらかじめ設定した条件に合致したときに動作を開始するコンピューターウイルス—を起動させることで、アメリカの主要都市を停電しようと試みるかもしれない。また、サイバー攻撃によって大量の金融情報が失われるかもしれないし、列車の脱線事故、そして航空交通システム（及びバックアップ）が崩壊し、何百にも及ぶ飛行機が通信不能により上空に取り残されるような事態が発生するかもしれない。加えて、原子力発電所のよ

うな細心の注意を要する施設の産業制御システム（ICS: Industrial Control System)に対するサイバー攻撃は、冷却装置の喪失やメルトダウン、そして最悪の場合には、放射能汚染をもたらす可能性があり、それにより犠牲者が発生するかもしれない*17。更に、サイバー攻撃によって軍の部隊も丸裸にされるかもしれない。上記のような場合、誰かが攻撃ボタンを押すことで他の誰かが負傷するという因果連鎖は、一般的に、「偶然」や「摩擦」が介在することで、仲介されたり、遅滞されたり、或いは反対に拡大されたりする。サイバー攻撃に関しても、「偶然」や「摩擦」が介在することで生じた破壊は、たとえサイバー攻撃の手段が暴力的なものでなくとも、その結果生じた帰結が暴力的なものであれば、それは疑いなく戦争行為となるであろう*18。加えて、高度にネットワーク化された社会では、非暴力的なサイバー攻撃が小規模な物理的攻撃による被害をも遥かに凌ぐ経済的被害を与える場合もあるかもしれない*19。しかしその一方で、サイバー戦争によって派生すると考えられた上記のようなシナリオは、結果的に不必要な混乱を社会に広めることになった。マイケル・ヘイデン（Michael Hayden）元CIA及びNSA長官は、「サイバー戦争ほど話題となり重要視される一方で、それが一体何を意味するのかについて明瞭さを欠き、理解されていない現象もない」*20と語るように、今のところ、上記のようなシナリオは、あくまで小説—SF小説は言うまでもなく—の中の話であり、仮説の域を出ていない。

Ⅲ　サイバー戦争は存在しない

　もし戦争における武力行使が 1) 暴力を伴い、2) （政治目標を達成する為の）手段としての面を持ち、そして 3) 政治的動機を伴うことが必要だとすれば、これら3つの基準を全て満たすサイバー攻撃は存在しない。それ以上に、歴史を通じてこれらの基準の1つでも満たしたサイバー攻撃すら殆ど存在しない。したがって、本項では、それを明らかにするために、最も頻繁に言及されるサイバー攻撃を事例として、上記の基準ごとに考察していきたい。
　現在に至るまでに起きたサイバー攻撃の中で最も過激な攻撃は、シベリアのパイプライン爆発—もしそれが本当に起こっていたとすれば—である可能性が高い。伝えられるところによると、1982年にアメリカは秘密工作を通じて、不正に操作したソフトウェアを使用し、（シベリアにあるウレゴイガス田からカザフスタンを経由しロシア、そして欧州市場へと繋がる）ロシアの

ウレゴイースルグトーチェリャビンスク・パイプライン (Urengoy-Surgut-Chelyabinsk Pipeline) にて大規模なパイプライン爆発を引き起こそうと企てた。この壮大なパイプライン計画には、高度に洗練された制御システムが不可欠であった為、ソ連のオペレーターたちは、コンピューターシステムを公開市場で調達する必要があった。ロシアの当局者たちは、一般的にSCADAとして知られるリモート監視・制御システム (Supervisory Control And Data Acquisition) をアメリカから入手しようとしたが、アメリカがこれを拒否した為、彼らはカナダの企業から SCADA を調達しようとした。その際に、CIA が、最終的にシベリアの同パイプライン施設にインストールされることになった制御システム内に悪質なコード (code) を挿入することに成功したと言われている。ポンプやタービン、そしてバルブの作動を制御するそのコードは、当面は正常に作動するようプログラム化されていたが、徐々に「パイプラインのジョイント部分や溶接で接合された部分に、それらが耐えることのできる限度を超えた圧力がかかるようにポンプのスピードやバルブの設定を再設定する」ように予めプログラム化されていた、と当時NSC に勤務していたトーマス・リード (Thomas Reed) は述べる[21]。そして、1982年6月、不正に操作されたバルブはついに宇宙からでも認識できるほどの「歴史に残る」大爆発及び火災を引き起こす結果となる。アメリカ空軍によれば、この爆発の威力は、3キロトンという小型の核爆弾の威力に匹敵するものであったと言われている[22]。その一方で、2004年にリード氏の著作が出版された際、KGB で、当時この爆発が発生したと考えられるチュメニ地域の統括責任者であったヴァシリ・プチェリンチェヴァ (Vasily Pchelintsevha) は、これを否定し、6月に起きた爆発ではなく、同年4月にトボリスクから50km離れたところで起きたパイプライン爆発のことに言及しているのではないかと推測している。幸い、同年4月に起きた爆発においても誰も負傷することはなかった[23]。

　1980年代初期にソ連で起きたパイプライン爆発や事故の数々が報道されているにもかかわらず、1982年以降、リード氏が主張するパイプライン爆発を裏付ける報道は一切存在していない。CIA が、欠陥のある科学技術をソ連に提供し続けてきたことを明らかにした「フェアウェル事件 (Farewell Dossier)」に関する文書の機密指定が解除された後でさえ、CIA は、そのようなパイプライン爆発が実際に発生したことを公式に認めていない。また、仮にそれが実際に起きていたとしても、そのパイプライン爆発が犠牲者を生

む結果となったかは不明であり、この事件に関して入手できる証拠が余りにも少なく、また客観性に欠けていることを考慮すると、ロジック爆弾の成功例として見なすことは困難である。この事例は、世間一般に知られているサイバー攻撃において、「（死を招く可能性を有する）暴力行為」というクラウゼヴィッツの戦争の第一構成要件を明白に満たしたものが存在しないことを意味している。つまり、現在までに至るいかなるサイバー攻撃によっても、人の命が奪われたケースは存在しない。それだけでなく、サイバー攻撃によって負傷者が出たり、更には建物が破壊されたケースさえも存在していないのである*24。

　同様に、よく引き合いに出されるもう一つのサイバー戦争の例として、2007年4月下旬から始まったエストニアに対するサイバー攻撃がある。当時、エストニアは、世界で最もインターネットが普及した国の一つであり、エストニアの全人口の約3分の2がインターネットを使用しており、銀行取引のおよそ95％がネット上で行われていた*25。この高度にネットワーク化されたバルト海沿岸にある小国は、サイバー攻撃に対して比較的脆弱であった。事件の背景は、ロシア国内が感傷的になる対ドイツ戦勝記念日である5月9日の約2週間前に遡る。そのような間の悪い時期に、エストニア政府は、第二次世界大戦で犠牲となったロシア軍の無名戦士を追悼する2メートルに及ぶ兵士像をエストニアの首都タリンの中心地から郊外へと移すことを決定したが、これを受けて、エストニアに住むロシア住人たちや隣国のロシア人たちは驚愕した。その結果、4月26日と27日には、首都のタリンで過激な街頭暴動が発生し、1300人が逮捕され、負傷者100名、死者1名を生む事態へとつながった。

　この街頭での暴動は、瞬く間にインターネットに飛び火し、ネット上でも暴動を引き起こす結果となった。サイバー攻撃は、4月27日金曜日の深夜に始まり、当初は、どちらかと言えばむしろ「Ping Flood攻撃」など、単純なサービス妨害攻撃（DoS）という稚拙かつローテクな手法を用いた攻撃であったが、間もなくして、攻撃者はより洗練された手段を用いるようになった。4月30日からは、分散型サービス妨害攻撃（DDoS）の規模を拡大する為、単純なボットネット（Botnet）が使われるようになり、これらの集団攻撃のタイミングは徐々に連動したものになる。それに加えて、その他の妨害行為として、スパムメールやスパムコメント、そしてエストニア改革党のウェブサイトの改ざんなども併せて行われた。それ以降、5月1日までの約3

週間という長い期間にわたって、最大で8万5000台に及ぶ非常に多くのコンピューターがハイジャックされ、エストニアは史上最悪のDDoS攻撃を経験することとなった。この一連のDDoS攻撃は、ロシア政府及び国民が対ドイツ戦勝記念日を祝う5月9日にはピークに達し、58サイトにも及ぶエストニア国内のウェブサイトが瞬時のうちにアクセス不能に陥った。当時ハンサパンク（Hansapank）として知られていたエストニア最大の銀行のオンラインサービスは、5月9日に約90分間利用不能となり、翌日には約2時間にわたって利用不能に陥った*26。エストニアの企業や政府、そして社会に対するこの組織化されたインターネット上での抗議活動は注目に値するものであったが、その影響は、実際にはそれ程深刻なものではなかった。同サイバー攻撃の長期的な帰結として、エストニア政府は、NATOサイバー防衛センター（CCDCOE: Cooperative Cyber Defence Centre of Excellence）という常設機関をエストニアの首都タリンに設置することになった。

　エストニアへのサイバー攻撃に関してはいくつか特筆すべき点が存在する。まず第一に、いまだこの一連のサイバー攻撃が一体誰の仕業なのかはっきりと判明していない。エストニア国防及び外務両大臣はロシア政府を名指しで非難したが、それを立証する証拠を集めることができず、エストニア政府は、サイバー攻撃に関わったコンピューターの一部からロシア政府へと遡るIPアドレスを突き止めることに成功したという以前の声明を撤回している。さらに、英米の専門家に加えて、欧州委員会の専門家でさえ、同サイバー攻撃においてロシア政府が関与したことを裏付ける証拠を特定することはできなかった。一方で、ロシア政府高官は、一連の同サイバー攻撃にロシア当局が関与しているという非難をなんら根拠のない言い掛かりであると主張している*27。

　更に、エストニア国防省のインフォメーション・コンピューター・テクノロジーの統括者であるミーケル・タメット（Mihkel Tammet）は、一連のサイバー攻撃が実施されるまでの期間を「兵隊を召集するようにボットネットをかき集めていた」と表現する*28。また、アンドルス・アンシプ（Andrus Ansip）首相（当時）は、「独立した主権国家の港や空港を封鎖することと、政府機関や報道機関のウェブサイトを封鎖することの違いは一体どこにあるのか？」と疑問を投げ掛けた*29。これは答えを必要としないレトリックな質問ではあったが、その答えは簡単である。それは、海上封鎖とは異なり、単なるウェブサイトの封鎖は、潜在的にも暴力的な性質を有しな

いことにある。また、海上封鎖と異なり、DDoS攻撃は、手段として戦術目標に直結したものではなく、むしろ不特定のターゲットに対する抗議行為にすぎない。加えて、船舶による海上航路の封鎖とは違い、「ピング（ping）」— pingとは、ネットワークの疎通を確認するために使用されるコマンドを指し、近年「ping flood」と呼ばれる単純なDoS攻撃の一種が広まっている—は、政治的支援を有さず匿名で行われる。以上の相違点から、アンシプ（Ansip）元首相は、むしろ大規模なデモによって建物へのアクセスがブロックされることとウェブサイトの封鎖の違いについて問うた方がより的を得ていたであろうが、それでもまた別の理由からそのような比較にも欠陥が存在したであろう。それはつまり、従来型の大規模なデモを行うには、極めて多くの人々が参加する必要があるが、DDoS攻撃には、その必要はないということである。

エストニアへのサイバー攻撃から1年が経過したのち、遂にサイバー戦争の到来を告げるかのような3つ目の出来事が発生した。それは、南オセチアを巡る領土争いを発端として2008年8月に勃発したロシアとグルジア間における短期的な武力衝突を背景として起こったサイバー攻撃である。8月7日、グルジア軍は、南オセチアの独立派グループを攻撃する形で彼らの挑発行動に反撃する。その結果として、翌日にはロシア軍が軍事介入することになるが、その一方でグルジア政府のウェブサイトへのサイバー攻撃は、実際には軍事衝突の10日前である7月29日から既に少しずつ始まっており、主要なサイバー攻撃は、8月8日のロシア軍の介入と時を同じくして開始された。これは、独立したサイバー攻撃が通常の軍事作戦とシンクロして実施された初めての事例かもしれない。このグルジアに対するサイバー攻撃は、主に3つのタイプから構成されていた。

第1の攻撃タイプとして、グルジア国立銀行及び外務省等のいくつかのグルジア国内の著名なウェブサイトが改ざんされた。なかでも最も悪質なサイトの改ざんは、アドルフ・ヒトラーとミハイル・サーカシビリ（Mikheil Saakashvili）（グルジア）首相の肖像写真が並列したコラージュであろう。

第2の攻撃タイプは、政府機関や議会、そして報道機関のウェブサイト、又グルジア最大の民営銀行及びその他の比較的あまり知られていないウェブサイト等、グルジアの官民セクターのウェブサイトに対するDoS攻撃である。この一連のDoS攻撃は、最長で約6時間、平均して約2時間15分も継続して行われた*30。

サイバー戦争は起こらない？（トマス・リッド）

　第3の攻撃タイプは、サイバー攻撃の規模を拡大し、攻撃に携わる者の数を増やし多層化する為、悪質なソフトウェアを拡散しようとする試みである。様々なロシア語のフォーラムは、グルジア政府への攻撃を最優先事項とした攻撃用スクリプトを「war.rar」と保存された形で掲載することで、大衆が行動を起こすことを可能にするスクリプトの拡散を促進しようと試みた。それに伴って、グルジアの政治家たちのメールボックスがスパム攻撃の標的となった。

　国際メディアやグルジア政府、そして匿名のハッカーたちは、サイバー戦争が現にあたかも起こっているかのような言葉遣いをしていたが、グルジアに対する一連のサイバー攻撃の被害は、エストニアの事例と同様に、どちらかと言えば比較的小さく、暴力的なものでもなかったことが指摘できる。加えて、人口約450万人程度の小国であるグルジアでは、インターネットの利用状況は比較的低く、またエネルギーや交通、或は銀行取引といった極めて重要なサービスの殆どがインターネットネット化されていなかったことから、実際には、エストニアほどサイバー攻撃に対して脆弱ではなかった。グルジアへの一連のサイバー攻撃は、グルジア政府のウェブサイトを一次的に利用不能にしただけで、それ以上の被害を与えることはなかった。同サイバー攻撃が与えた大きな損害と言えば、それはグルジア政府による国際社会への訴えなど、重大な局面においてこの小さな国の人々の「声」を世界へ発信することを阻んだことである。ただ、もし攻撃者がそれを目的としていたとしても、外務大臣が Google 社の許可を得て、グルジア最大のブログプラットフォームである「ブロッガー(Blogger)」にウェブログを立ち上げることを通じて、ジャーナリストたちとの間にもう一つ別の通信チャンネルを確立するなど極めて稀な手段を行使した為、その効果は非常に限られたものとなった。それと共に、グルジア国立銀行は、全支局におよそ10日間、オンラインサービスの提供を停止するよう伝えた。そのなかでも最も重要なことは、グルジアへの同サイバー攻撃自体が本質的には政治的なものではなかったことである。エストニアへのサイバー攻撃同様、グルジア政府はこの一連のサイバー攻撃をロシア政府の仕業として非難したが、ロシア政府は、再度、正式なスポンサーであることを否定した。エストニアの首都タリンに本部を置くNATO サイバー防衛センターは紛争後、グルジアに対するサイバー攻撃に関して報告書を発表した。報告書では、一連のサイバー攻撃が組織的なものであり、誰かの指示に基づいて行われたように見えると指摘し、メディアが

ロシアの仕業であると指摘していることを紹介する一方で、NATO は、同報告書の中で、「エストニアの事例同様に、(グルジアに対する) DDoS 攻撃の背後に誰がいるのかを明らかにする決定的な証拠は存在しない」と結論付けた*31。

エストニアにおける街頭暴動や、グルジアに対する短期的な軍事作戦と連動したサイバー空間における格闘 (scuffles) には、前例が存在するが、これらの攻撃タイプのもつ斬新さが、これらの事例が世間で注目され、あたかもサイバー戦争が起きているかのようなレトリックが使用されることとなった主な理由であると考えられる。その点について言えば、「サイバー戦争」のまた別のタイプとして話題を呼んだスパイ活動—「ムーンライト・メイズ (Moonlight Maze)」—にも同様の見解が当てはまるかもしれない。その不気味な名称は、1991年に発見され極秘扱いされてきたサイバーエスピオナージ事件に与えられたものである。1991年、アメリカ空軍は偶然に空軍のネットワークに対する不正侵入を発見し、FBI へ通報した。それを受けた FBI 捜査官たちは、すぐに NSA に協力を求め、直後の捜査によって、航空宇宙局 (NASA)、エネルギー省、大学、そして研究機関のコンピューターに対する不正侵入が明らかとなった。その不正侵入は1988年3月にまで遡ることができ、以後約2年間、軍事施設の地図、ハードウェア設計、そしてその他の機密情報が継続的にコピーされていたことが判明した。国防総省は、ロシアの当時のメインフレーム・コンピューター (と呼ばれたもの) がその攻撃の発信源であることを突き止めたが、この事例をとっても、暴力的な要素はなく、又目的に関しても不明確な部分があり、政治的帰属 (political attribution) が存在したとは言い難い。

その一方で、ここ数十年間でサイバー攻撃が着実に増加していることは明らかである。政府や企業をターゲットにしたセキュリティー侵害の頻度は着実に増加しており、サイバー攻撃の規模及びサイバー攻撃に従事する者も、犯罪者からハッカー、そして NSA など多岐にわたり日々増加している。それと比例して、いくつかのサイバー攻撃の洗練度はかつてない高みに達している。その点において、スタックスネット (を用いたサイバー攻撃) は、状況を一変させる出来事であったことは間違いない。しかし、このような傾向にもかかわらず、「サイバー戦争 (cyber war)」の指す「戦争 (war)」とは、第二次世界大戦が意味する「戦争」よりもむしろ「肥満との戦い (war on obesity)」が指す「戦争」の方に共通性を持つ。つまり、サイバー戦争が意

味する戦争とは「戦争」という言葉の実際的な意味よりもむしろそのメタファーとしての意味に近いのである。従って、ここでもう一度古典的な解釈に立ち戻り、サイバー攻撃が実際に何を意味するのかを理解する必要がある。

　侵略・攻撃（aggression）は、―それがコンピューターに関連するか否かを問わず―本質的には政治的又は犯罪的性質をもつ場合がある。これは、攻撃という行為を、一般的な犯罪から戦争へとまたがるスペクトラム上で考えてみれば分かりやすいかも知れない。これに従えば、大部分の犯罪行為が、政治的性質を持たない一方で、戦争は、常に政治的性質を持つという特徴が明らかになる。更に、犯罪者は、常に自らの身元を隠そうとする一方で、制服を着用した兵士たちは、常に彼らの身元を明確にしている。政治的暴力―或は、犯罪学や法理論における政治犯罪―は、このスペクトラムにおいて一般的な犯罪行為でもなくまた戦争行為でもないその中間あたりに位置するが、ここでは、このスペクトラムの中間に位置する攻撃行為の3つのタイプ―1）サボタージュ（sabotage）、2）エスピオナージ（espionage）、3）転覆・破壊（subversion）―に焦点を当てて分析する。サイバー攻撃は、このスペクトラムにおいて、どちらかと言えば、犯罪行為として位置付けられる傾向にあるが、その理由は、サイバー戦争という概念が適切に定義された場合、現在に至るまでその定義に該当するサイバー戦争が存在しないからである。もちろん、これは、政治的性質を有するサイバー攻撃が、存在しないということを意味するものではないが、一般的によく知られている政治的サイバー攻撃は、―それが犯罪行為であるかにかかわらず―一般的な犯罪行為にも、また戦争行為にも該当しない。それは、つまるところ、サイバー攻撃の目的が、1）サボタージュ、2）エスピオナージ、そして3）転覆・破壊の3つに収斂することを意味しているのである。

　サボタージュ、エスピオナージ、そして転覆・破壊という3つの攻撃タイプでは、クラウゼヴィッツの戦争概念の3つの構成要件は入り乱れており、これらの攻撃行為の有効性を高める為に暴力を用いることは、必ずしも必要となる訳ではない。加えて、転覆・破壊活動が、しばしば集合的な情熱の表出であったり、エスピオナージが、なんら戦略に基づいたものではなく単に訪れた好機の産物である場合が存在するように、これらの攻撃行為には、有効的に機能するために手段としての側面をもつ必要がない。そして最後に、転覆・破壊やエスピオナージ、或はサボタージュを行う攻撃者は、政治的動機をもって行動するが、戦争の場合とは異なり、彼らは、特定されることを

回避することに、恒久的な、或は少なくとも一時的な関心を持っていることが指摘できる。これは、比較的に匿名で行動することが容易なサイバー空間において、なぜ戦争行為以上に犯罪行為が蔓延しているのかを端的に表す主な理由の一つである。1) サボタージュ、2) エスピオナージ、そして 3) 転覆・破壊が、―それがサイバー空間で行われるか否かに関わらず―軍事作戦に付随して行われる場合があることは言うまでもない。事実、それは遥か大昔から軍事作戦の一部として使用されてきた。しかしながら、デジタルネットワークの到来は、非対称な効果をもたらすことになった。

Ⅳ　サボタージュ（sabotage）

まず初めに、サボタージュ（sabotage）とは、経済・軍事システムの弱体化、或は破壊を意図した計画的な企てを指す。全てのサボタージュは、本質的には技術的なものだが、時に、社会に存在するイネイブラー（social enablers）を利用することもある。サボタージュという用語は、1910年にフランスで起きた鉄道ストライキの際、労働者たちが保管庫に収納されている電車の留め具として用いられていた木靴（sabot）を破壊し、持ち去ったことに起因していると伝えられている。サボタージュで用いられる手段は、必ずしも物理的破壊や暴力沙汰を招く訳ではない。確かに、そのような場合も存在するが、仮に暴力が伴う事態が起き、その最終目的が、意思決定者の費用対効果の計算を変更することにあるとしても、「人」ではなく、「物」が主要な攻撃の対象になると考えられる。さらに、サボタージュは、本質的には戦術的なものなので、作戦及び戦略レベルにおいては限られた効果しかもたない。一方、我々の社会や政府、軍の技術的発展や科学技術への依存度が高くなればなるほど、サボタージュ、特にサイバーサボタージュ（cyber-enabled sabotage）が成功する可能性は非常に高まる。更に、サボタージュを行う者は、サボタージュを（ある目標を達成する）手段として用いるが、公然と暴力に訴えることや政治的帰属を嫌う為、サボタージュ自体は、必ずしも戦争行為となる訳ではない。また、過剰な暴力を避け、身元が特定されないように徹することは、テクニカル・システムを損なうというサボタージュの究極目的に適う。この点に関して、イスラエルによる有名な2つのサボタージュ作戦の事例は、我々に示唆を与えてくれる。

サイバーサボタージュの成功例の一部は、世間でも知られているが、それ

は主に、1) 通常戦力に付随して行われる場合と、2) 単体で行われる場合がある。通常戦力と連動して実行されたサイバーサボタージュの中で最も目覚ましい成果を挙げた例の一つは、2007年9月6日のイスラエル軍によるシリア北部のデリゾール県内の核関連施設に対する空爆を目的とした「オーチャード作戦（Operation Orchard）」に付随して実施されたものであろう。イスラエル空軍は、主要攻撃に臨む為に、まずトルコ国境付近に位置するタール・アルアブアッド（Tall al-Abuad）のシリア軍のレーダー施設を破壊した。精密照準爆撃と電子戦を組み合わせたこの攻撃によって、シリアの電力供給網（electrical grid）が被害を受けることはなかったが、世界で最も強力であると考えられてきたシリア軍のディフェンスシステムは機能不全に陥り、結果的にイスラエル空軍のF-15-I及びF-16-I戦闘機の一群がシリア領空に侵入し、同核施設を空爆、そして再度領空から飛び去っても、探知できなかった[32]。アメリカ政府によってユーフラテス川沿いの同核施設の攻撃以前と以後の衛星写真が公開されたが、それらの写真を見ると、イラクから145キロ離れた場所に位置する原子炉と疑われた建物を備えた建設されたばかりの同核施設が、無残にも瓦礫と化していた。オーチャード作戦で実行されたサイバー攻撃は、恐らくイスラエル国防軍最大の部隊である「8200部隊（Unit 8200）」─米国のNSAに相当する─による仕業であると考えられる[33]。8200部隊所属の技術者たちは、シリア軍の防空システム内に（その設計・建設を担った建設会社を通じて）極秘裏に埋め込まれた「キルスイッチ（kill switch）」によって同システムを無力化した可能性が考えられるが、作戦内容の詳細については、依然として機密のままである[34]。他方、同作戦において一つ明らかになった点は、サイバー攻撃の成功の可否が、イスラエルによる同核施設への空爆を成功させる上で不可欠なものであったことである。確かに、サイバー攻撃自体が物理的に存在する物体を破壊した訳ではないが、同サイバー攻撃が全軍事作戦においてなくてはならない不可欠な要素だったことが指摘できる。また、軍事的な要素抜きにして、サイバー攻撃自体が戦争行為を構成することはないが、上記のイスラエルによるサイバーサボタージュ攻撃は、サイバー攻撃が効果的な軍事攻撃を行うことができることを明らかにした。しかし、近年、同サイバー攻撃をも凌ぐほどの華々しい成果を挙げたもう一つの事例は、サイバー攻撃が有するポテンシャルの高さを明らかにすることになる。

スタックスネット（Stuxnet）は、現在までに明らかとなったサイバー攻

撃の中で最も洗練されたものである。スタックスネット―或は、スタックスネットと呼ばれるコンピューターワームを用いた攻撃―は、通常の軍事作戦とは連動していない独立型のサイバーサボタージュであり、ある特定の目標のみを対象とした攻撃で、なかでもイランのナタンズにある核濃縮施設を攻撃する目的で作成された可能性が高い*35。スタックスネット（攻撃）は、IT セキュリティー企業の間では、APT 攻撃―特定のターゲットに対して継続的に攻撃や潜伏を行い、様々な方法でスパイ行為や妨害行為を行うサイバー攻撃― と呼ばれているものであり、「マータス作戦（Operation Myrtus）」と作成者たちの間で呼ばれた同攻撃計画は、実際には長年に渡るキャンペーンの結果であった。同計画は、恐らく2007年の終わりから 2008年の初頭あたりから始まり、IT セキュリティー企業がスタックスネットの存在について言及し始めた2009年6月から2010年6月の間に本格的な攻撃が実施された可能性が高い*36。スタックスネットは、タイムスタンプや他のシステムに関する情報を記録する機能を持っており、エンジニアたちは、何ヶ月にも及ぶ格闘の末、そこからスタックスネットワームへの感染記録の概要を明らかにすることに成功し、その狙い及び脅威をリバースエンジニア（ソフトウェアやハードウェアを分解、或いは解析し、その仕組みや仕様、そして要素技術等を明らかにすること）することに成功した。では、スタックスネットがいかに複雑かつ洗練されたいたものであるかを少し詳しく述べたい。

　このサボタージュを目的としたソフトウェアであるスタックスネットは、主に、産業制御システム(ICS)を攻撃対象として作成されたものである。産業制御システムとは、キーボードやスクリーン等が付属していないボックス型の容器に収納されたハードウェアの集積を指し、プログラマブル論理制御装置（PLC）と呼ばれる装置がこの制御システムを作動・制御する役割を担う。したがって、工業プラントのオペレーターは、（特に「Field PG」という独シーメンス社の工業用に特別に製造された）ノートパソコンに一時的であれ接続し、コントローラー（制御装置）をプログラムする必要がある。これらの「Field PG」は、制御システムや制御装置とは異なり、マイクロソフト社のウィンドウズを使用し起動するようになっているが、その殆どはインターネットに接続されていないだけでなく、内部ネットワークからも隔離されている場合が多い*37。

　その為、攻撃者をまず始めに悩ませるのは、攻撃を実行する為の感染経路の確立、つまり、いかに攻撃対象となるコンピューターをウィルス感染させ

るかである。正確な攻撃対象に到達する為、スタックスネットをまず攻撃対象が存在する環境（標的環境）に取り込まれるように拡散する必要があるが、大抵の場合、ターゲットは、「エアギャップ（air gap）」―セキュリティーが万全ではないインターネットや内部ネットワークを遮断し保護対象物を隔離する方法―によって保護されている。従って、（同ターゲットにウィルスを感染させるには、）USB メモリースティック等のようなリムーバブルドライブを通じてウィルス感染させる方法が可能性としては最も高い。スタックスネットを操作する者はさらに、コンピューターのコマンド＆コントロールサーバーを通じて、スタックスネットにコネクトできるようスタックスネットの攻撃手段（attack vehicle）を予めプログラムしていた。スタックスネットのコードに関して信頼できる分析結果をまとめた『W32. スタックスネット調査書類（W32. Stuxnet Dossier)』において、シマンテック社（Symantec）は、スタックスネットによるサイバー攻撃の最終攻撃目標は、ネットワーク接続されておらずスタンドアローンの状態だったので、「サボタージュを実行するのに必要な機能は、直接スタックスネットの実行ファイルに組み込まれていた」と述べている*38。その為、スタックスネットの注入メカニズム（injection mechanism）は、非常に侵略的であり、実際に、スタックスネットの副次的感染は、当初から非常に広範囲に及び、2010 年の終わりまでには数十カ国にわたり、約10万以上のホスト（コンピューター）が感染している。そして、その約60％がイラン国内に集中しており、最終的にイラン国内の感染した PC から２つの最終攻撃目標であった機器へとウィルスが拡散することになったと考えられている。

　攻撃実行者が直面した２つ目の困難は、シマンテック社の言葉を借りると「スタックスネットのサボタージュ戦略」にある。スタックスネットを用いたサイバー攻撃は、特に、（通称）コード 315 と 417 と呼ばれたシーメンス社のプログラマブル論理制御装置（PLC）の２つのモデル― 6ES7-315 及び 6ES7-417 ―をターゲットにしており、中でもコード 417（PLC）を使用するイランのブーシェフル原子力発電所の K-1000-60／3000-3 スチームタービン、並びにコード 315（PLC）を使用するナタンズの核濃縮施設のガス遠心分離機の２つをピンポイントで狙った可能性が高い*39。上記のプログラマブル論理制御装置にコネクトした場合、スタックスネットは、ターゲットを特定する為、同制御装置内のコンフィギュレーションをチェックし始める。スタックスネットは、自らが攻撃対象とするコンフィギュレーションを発見

できない場合は、感染しても攻撃には着手しないようにプログラムされている。その一方で、ターゲットを発見した場合、スタックスネットは、特定の攻撃対象に対する個別攻撃手段を搭載した３つのペイロード部の一つをターゲットにインジェクトする作業に着手し、モーターなどを動かす特定のドライバーの出力周波数を変更するようプログラムされていた。要するに、スタックスネットは、産業プロセスが誤作動─或は、機能不全─を起こすことで、物理的にローターやタービン、そして遠心分離機に損傷を与えるように設定されており、上記の核関連施設のオペレーターたちを欺きながら、遠心分離機等の機器に徐々にダメージを与えていくことが同サイバー攻撃の目標であった。それに加えて、遠心分離機等、同施設の構成機器は容易に入手できる物ではないことを考慮すると、サイバー攻撃によって同核施設のハードウェアに損傷を与えることでイランの核濃縮計画を長期的に先延ばしすることが彼らの最終目標であった可能性が極めて高い。

　スタックスネットの攻撃手法は、攻撃者が直面する３つ目の難点であるスタックスネットのステルス性に関係する。スタックスネットは、サボタージュ攻撃に着手する前に、まずバルブの状況や動作温度などセンサーを通じてインプットされた基準を傍受し、データに記録、そして（ワーム内に）事前に記録された嘘の入力信号を制御装置のプログラムに提供しながら、密かに実際のプロセスを操作する。その目的は、制御室のオペレーターを欺くことではなく、むしろデジタルセキュリティーシステムを無力化することにある。また、スタックスネットは、秘密裏に制御プログラムを改ざんすることができるだけでなく、（特定のシステムを標的とする）個別攻撃手段を搭載したペイロード部を発射する以前の段階においても、1) ウィルス対策ソフトから巧みに逃れたり、2) リムーバブルドライブ上に自らのコピーを隠したり、3) コントローラーによってエニュメレーション（列挙）が実行された場合、自らのプログラムブロックを隠したり、そして 4) 攻撃ターゲットに繋がらない機器から自らを消去する等のステルス機能を持ちながら行動することができた。

　スタックスネットの攻撃プログラムを初めて抽出し逆コンパイル（変換）することに成功した制御システムセキュリティーコンサルタントであるラルフ・ラングナー（Ralph Langner）は、スタックスネット開発に注ぎ込まれた莫大な投資と資源を投入することができるのは、「サイバー超大国」に限られ*40、考えられる可能性としては、アメリカの支援のもと、イスラエル

が立案・設計したというケースであると主張する。スタックスネット開発は、まずターゲットに関する情報の収集から始まったと考えられる。なぜなら、ターゲットとなる制御システムのどれをとっても非常に特異な構成となっているので、まずその攻撃対象となるシステム回路・設計図に関する極めて正確な情報が必要となる。その為、ラングナーは、「攻撃実行者たちは、おそらく（攻撃対象の施設）のオペレーターたちの靴のサイズまで把握していたのではないか」と冗談ながら指摘するが、それらの回路・設計図は、事前に盗み取られていたか、スタックスネットの旧型によって抽出されていた可能性が高い。スタックスネットのもう一つ別の特徴は、その攻撃デザインにある。つまり、スタックスネットは特定の攻撃対象に対して設計された非常に特殊なコードなので、その攻撃手段（attack vehicle）を限りなく精緻化する為に、模擬の濃縮施設等の類似環境を作り出す必要があった可能性が高い*41。スタックスネットは、その特徴として、ネットワーク感染ルーティーン機能を有しており、（ホストコンピューターが）インターネットに接続されていなくても、スタックスネットに感染した機器同士で通信することができるという「ピアツーピア・アップデート・メカニズム」を備えている為、産業制御システムのオペレーターに気付かれることなく産業制御システムに（スタックスネット）コードを注入することができる。このように非常に複雑なエージェント(agent)—ユーザーに代わり自動的にタスクを行うプログラム—をプログラムするには、時間や資源だけでなく、品質保証・管理及び優秀なソフトウェア開発者たちから構成される総合的なチームが必要となる*42。更に、スタックスネットには、1）4つのゼロデイ・エクスプロイト（zero-day exploit）—コンピューターのソフトウェア及びハードウェアに存在する「未知の脆弱性」を利用する為の攻撃プログラム—、2）盗難されたデジタル証明書2枚、3）（特権的アクセスを可能にするソフトウェアである）Windowsのルートキット、そして 4）今まで前例がないプログラマブル論理制御装置(PLC)のルートキット等、非常に高価で希少なアイテムを有していた*43。当分の間、イランの核計画に対するスタックスネット攻撃が実際どの程度成功したのかについては明らかになることはないだろうが、同サイバー攻撃が、サイバーサボタージュを全く新たなレベルにまで引き上げたことは明白である。

V　エスピオナージ（Espionage）

　エスピオナージ（espionage）とは、犯罪行為でも戦争行為でもない第2の攻撃行為である。エスピオナージ、つまりスパイ活動は、主に機密情報を窃取することを目的として敵国のシステムに侵入する行為であり、本質的には社会的又は技術的な行為であると言える。スパイ（活動）という職業—或は、分業—は古くから存在し、諜報機関の間では、ヒューミント（人的諜報）やシギント（信号情報）として知られている。エスピオナージに求められる技術的洗練度は、より複合的なサボタージュ（sabotage）に求められる水準に比べると低いが、それでも比較的に高度な技術的洗練が求められる。その理由として、エスピオナージは、直接的には（ある目標を達成する為の）手段としての側面は持っておらず、むしろその狙いは、具体的な政策やそれを達成する手段を計画・設計する上で必要となる情報の収集にある。高度にデジタル化された社会の到来は、エスピオナージ・ビジネスに携わるアクターの数を急増させる結果となり、政府（或は、大企業）が大金を注いでプロとして鍛え上げた専門家たちは、現在、（時として自らのイニシアティブで行動するが、潜在的により大きな理念の為なら情報を提供する）ハッカーや私人たちとの競争に晒されている。また、現在において、国家が有するサイバー能力は、エスピオナージを目的として使用される場合が最も多く、経験的に言えば、政治的動機に基づいたサイバーセキュリティーに関する事件の殆どが、実際にはスパイ活動に関連したものである。それに加えて、これらの事件では、加害者の身元を特定できない場合が多い為、事件の多種多様な名称の殆どが被害を受けた側によって付されたものである。

　「ムーンライト・メイズ（Moonlight Maze）」については既述したので、ここでは、アメリカ政府によって「タイタン・レイン（Titan Rain）」と名付けられたアメリカ政府及び軍のコンピューターシステムに対して継続的に行われたサイバー攻撃を取り上げる。2003年以降、数年間に及んで中国人ハッカーたちが、国防総省、国務省、国土安全保障省、及びロッキードマーチン社等の防衛企業の数百にも及ぶ（コンピューターシステム内の）ネットワーク—それらはファイアーウォールによって保護されていたにもかかわらず—に不正侵入していたことが明らかになった。この不正侵入の背後に中国人民解放軍や公安機関が存在していたのか、または侵入者が本当の身元を隠すために中国本土に存在するコンピューターを使用していただけなのかは未だ

不明であるが、国防総省のある情報源は、この不正侵入よって「およそ10〜20テラバイトにも及ぶデータ」*44 が国防総省の機密保護されていない内部ネットワークからダウンロードされていたことを明らかにした。但し、その一方で、「機密保護されたネットワークが破られた」可能性は極めて低いと言われている*45。

　2008年11月、米軍は、軍独自のコンピューターネットワークへの不正侵入により現在まで最も重大な情報漏洩が発生したことを証言した。当時国防副長官であったウィリアム・リンによると、その情報漏洩（事件）は、「ある外国の情報機関によって設置された」中東の米軍基地のラップトップへフラッシュメモリーを通じてスパイウェア—ロシア製と伝えられる—が挿入されたことに端を発する*46。それを契機として、同マルウェアは、インターネットをスキャンし、[.Mil]という米軍関連機関のドメインアドレスを探し当て、それを通じて国防総省の（機密保護されていない）通常ネットワークである「ニパーネット（NIPRNet: Non-classified Internet Protocol Router Network）」へ侵入することに成功したと伝えられる。その一方、国防総省には、「シパーネット（SIPRNet: Secret Internet Protocol Router Network）」と呼ばれる機密情報の伝送の為に使用される内部ネットワークが存在し、シパーネット（SIPRNet）は、エア・ギャップ(air gap)やエア・ウォール（air wall)—安全なネットワークを他の安全性に欠けるネットワークから物理的・電子的・電磁的に分離する—という防護手段を通じて保護されているが、タイタン・レインの首謀者たちは、ニパーネット（NIPRNet）に接続されているハードドライブにマルウェアが侵入した場合、マルウェアが自己の分身を取り外し可能なサムドライブにコピーするようプログラム化しており、それによってあわよくばマルウェアに感染したサムドライブが、そのことを知らないユーザーによってエアギャップを超えてシパーネット（SIPRNet）へと運ばれることを待ち望んでいた。それは、国防総省のセキュリティー専門家たちの間では「スニーカーネット（sneakernet）」*47 として知られていた問題であったが、同事件ではこの問題が実際に生じ、米軍のシパーネット（SIPRNet）への足掛かりが確立されるという事態が起きてしまった。今のところ、そのマルウェアを通じてシパーネット（SIPRNet）から機密情報が実際に漏洩したのか、またもしその場合、どのような情報がどの程度漏洩したのかは明らかとなっていない。

　2009年3月には、トロント大学のロン・デイバート（Ron Deibert）と彼

のチームが、ゴーストネット（GhostNet）と呼ばれる（恐らく中国によるものと考えられる）非常に洗練された国際的なスパイ活動を発見したことを発表した。これによって、103か国にも及ぶ国々の外務省や大使館に始まり、国際機関や報道機関、そして NGO のおよそ1295台のホストコンピューターが感染し、（同活動で使用された）マルウェアに感染したコンピューターを自在に操ることで、（首謀者たちが、）書類を探しダウンロードしたり、コンピューターのキー入力を記録したり、隠れてコピューター・カメラやマイクロフォンを起動させたり、記録情報を入手する等のスパイ活動を行っていたことが判明した*48。

各国政府が、政府機関の IT システムに対するサイバー攻撃—特に、その成功例—に関する情報を開示することは殆どない。仮に、政府がサイバー攻撃に関する情報を公開したとしても、国防総省に対して実施された既述のサイバー攻撃のケースが示すように、その公開情報の「量」や「内容」は、表面的なものに限られる。また、スタックスネット（Stuxnet）やゴーストネット（GhostNet）といったケースのように、必ずしも IT セキュリティー企業や専門家たちが、サイバー攻撃の実質的脅威を分析・解明できる訳ではなく、その点を考慮すると、いまだ世間一般に公開されていない数多くのサイバー攻撃の事例が存在すると考えられる。2007年12月には、当時 MI5 のトップであったジョナサン・エヴァンズ（Jonathan Evans）は、大手銀行を筆頭におよそ300社に及ぶ企業の幹部に対し、彼らの企業が中国のサイバー攻撃の対象となっていることを伝えた*49。また、2007年から2009年までの間に、電子戦システム（Electronic Warfare Systems: EWS）に関する詳細など、数十テラバイトにも及ぶ F-35 戦闘機開発に関する情報が盗まれる事態が発生した*50。更に、2011年１月には、イギリス外務省の IT システムが「敵対国の情報機関」からサイバー攻撃を受ける事態が発生するなど*51、過去、そして現在発生している更に多くのサイバー攻撃がこのリストに加えることができ、その数は今後も間違いなく増えていくであろう。各国政府が防衛能力の向上に莫大なリソースを投資する一方で、官民企業を狙ったサイバーエスピオナージは、今、急速に増加している。

VI　転覆・破壊（subversion）

第３の攻撃活動は、転覆・破壊（subversion）であり、それは主に、既

成の秩序や権威の正当性や統合性を意図的に弱体化させる企てである。転覆［破壊］活動の究極的な目標は、社会における既成の政府を転覆することかも知れないが、転覆［破壊］活動は、ある人物及び組織が有する権威を弱めるというより限定的な動機を目的とする場合もある。転覆［破壊］活動の手法は、国家や社会的集合体に内在する社会的な繋がりや理念、そして信用を蝕むことにあるが、必ずしもあからさまな暴力行為が手段として用いられる訳ではない。むしろ、転覆［破壊］活動の最も一般的なツールは、映画や文学作品、或はパンフレットを通じて行われるプロパガンダ活動であり、それらの手段を通じて個人の忠誠心や中立的立場にいる第三者に影響を与えることを目的としている。要するに、転覆［破壊］活動の狙いは、機械ではなく人間のマインドであり、たとえ暴力行為が伴う場合でも同様である。転覆［破壊］活動自体は、反乱や暴動などの反政府活動（insurgency）より広範な概念であるが、反乱や暴動などの反政府活動とは異なって、転覆［破壊］活動の際に暴力や既存秩序の転覆が常に求められる訳ではない。

　転覆［破壊］活動が、「手段」として限られた能力しか有していないことを理解するには、その技術的な要素以外の部分、つまり感情的な動機の存在を考慮する必要がある。現在における「サイバー戦争」という概念の実際的な使用が、しばしば不正確で的外れである一方、戦争研究における古典的な概念は、サイバー攻撃の本質や実態を明らかにする上で非常に有益となる。例えば、クラウゼヴィッツ等、多くの戦略理論家たちは、正規戦か非正規戦かを問わず、戦争において、いかに「感情（emotions）」や「情熱（passions）」という要素が重要であるかを強調してきた。クラウゼヴィッツは、「ある行為や戦闘の激しさは、その行為や戦闘を駆り立てる動機の強さに比例する」と述べている。更に、そのような動機は、合理的な計算に基づいたものかもしれないし、反対に、感情的な憤りに基づいたものかもしれないが、「強大な勢力の背後には、常に動機が存在し、その動機の重要性を見過ごすべきではない」とクラウゼヴィッツは加えて主張した[*52]。つまり、転覆［破壊］活動は、反政府活動と同じように、支持者やボランティア、そして活動家—そして暴力行為が伴う場合は、戦闘員及び反乱者を含む—を駆り立てる非常に強い動機によって引き起こされるのである。

　更に、クラウゼヴィッツと共に偉大な軍事思想家として尊敬されているデビッド・ガルラ（David Galula）は、反政府グループを駆り立てる原動力こそが（彼らにとっては）動機なのであると指摘する。1960年代において暴

動・反乱鎮圧の専門家であったガルラは、反乱や暴動などの反政府活動を行う上で最も重要となるのは、「動的理念（a dynamic cause）、すなわち人々を駆り立てる原動力となる動機や理念を独占すること」であると主張した*53。しかし、それから50年後、崇高なイデオロギーは消滅し*54、代わってインターネットの出現によって高度にネットワーク化された政治・社会的運動の台頭は、従来の動的理念（原動力となる動機や理念）を成立させてきた論理の変更を余儀なくさせ、壮大な物語ではなく、むしろ特殊性の高い問題が、一時的であれ多数の怒り狂った活動家を駆り立てる原因と変えつつある。更に、インターネットの持つ非帰属性（non-attribution）―どの集団にも帰属しないこと―は、行動主義（activism）―政治的、社会的目的を達成する為に直接的な行動とること―のリスクとコストを低下させるだけでなく、その行動主義を阻止するのに伴うリスクとコストをも低下させることになった。その結果、転覆［破壊］活動のポテンシャルは、変質しつつある。それはつまり、転覆［破壊］活動に携わることがますます容易になる一方で、転覆［破壊］活動が実際の政治の世界へと重要な一歩を踏み出し、実効性のある反政府活動を通じて、最終的に既存の秩序に代わる統治を実現するといった伝統的なプロセスを実現することがますます難しくなっている*55。以下で、3つの簡単な具体例を用いてこの点を説明する*56。

特に、「アノニマス（Anonymous）」―リーダーなど組織を構成する中核的存在が存在しない非常に緩やかなハッカー集団及びそれに付随するインターネット上の政治・社会的運動を指す―は、暴力を用いないサイバー空間での転覆［破壊］活動の最も慧眼な事例である。アノニマスのサポーターたちは、匿名で、言論の自由の促進や検閲に対する反対運動を扇動するなど、自己定義された動機や理念の為に団結している。アノニマスのモットーは、「我々はアノニマス（名前を持たない）。我々は軍団。我々は許さない。我々は忘れない。待っていろ。」であり、しばしば声明文の最後に掲示されている。アノニマスのメンバーたちによって行われる行為は、政治的なアジェンダを含んでいるかもしれないし、反対に、単なる露骨で下品なエンターテイメントの現れなのかもしれない*57。もしくは、アノニマスに加担するボランティアたちは、「Lulzの為に加担している」のかもしれない。「Lulz」とは、インターネット文化から派生した用語であり、大爆笑（laugh-out-loud）を表す「lol」の複数形から派生するもので、ドイツ語のシャーロンフロイデ（Schadenfreude）―つまり、「他人の不幸を喜ぶ気持

ち」―に関連する概念である＊58。その例として、2009年5月20日にアノニマスによって「YouTube ポルノデイ（YouTube porn day）」といういたずらを目的とした一斉攻撃が行われ、音楽ビデオの削除に対する報復として何百ものポルノ動画が YouTube という動画共有サイトに何かに抗議するかのようにアップロードされた＊59。

　数多く行われてきた政治的活動の中でも、アノニマスは特に、2つの著名な政治的活動によって一躍有名となった。まず1つ目の「プロジェクト・チャノロジー（Project Chanology）」として知られる一大キャンペーンは、サイエントロジー（the Church of Scientology）をターゲットとしたものであり、同計画が、2008年1月21日に YouTube にアップロードされて以降4万回以上も視聴されている＊60。サイエントロジーがこの投稿動画を検閲しようと試みたことを受けて、アノニマスは、サイエントロジーのウェブサイトへの DDoS 攻撃を行うと共に、（映画『V for Vendetta』で使用された）ガイ・フォークスの仮面をかぶり、世界中のサイエントロジーの主要施設の前で数度にわたり攻撃活動を行うことで反撃した。この数日間にわたって行われたグローバルな抗議活動に、およそ8000人にも及ぶ人々が参加したとされ、世界中の報道機関によって広く報道されることになった。

　第2の例は、テクノロジー・セキュリティー企業の HB ゲーリー・フェデラル（HB Gary Federal）社に対する壊滅的なサイバー攻撃であり、恐らくこれは、アノニマスによる最も印象的な作戦である。「明日のマルウェアを突きとめる」というキャッチフレーズで知られる HB ゲーリー・フェデラル社の顧客には、アメリカ政府や McAfee 社等がおり、「ゴーストネット（GhostNet）」や「オーロラ（Aurora）」として一般的に知られている最も洗練されたサイバー攻撃の2つを分析・調査していたことでも知られている。2011年2月、当時 CEO であったアーロン・バー（Aaron Barr）は、世間での認知度を更に高めようと、HB ゲーリー・フェデラル社がアノニマスに浸透することに成功し、アノニマスに関する調査結果を間もなく公開していく予定であると発表したことに事件は端を発する。これに反応したアノニマスのハッカーたちは、反対に、サイバー攻撃を通じて HB ゲーリー・フェデラル社のサーバーに不正侵入し、1）データを消去、2）HB ゲーリー・フェデラル社を馬鹿にした文書と掲示板サイト「パイレーツ・ベイ（The Pirate Bay）」に投稿された4万通以上の漏洩した電子メールにつながるダウンロードリンクとともに、同社のウェブサイトは改ざんされ、3）同社の通話電

話システムを利用不能にし、或は、4）ファクス機を詰まらせたり、5）CEO のツィッターのストリームを強奪し、彼の社会保障番号をネットに掲示した*61。同サイバー攻撃を実施するにあたり、アノニマスのハッカーたちは、SQL インジェクション（訳者註：欠陥のあるデータベースの脆弱性を利用したり要求を不正に操作するコード技術を指す）等の数多くのメソッドを使用し、改ざんされた同社のウェブサイトには、「自業自得とは正にこのこと。汝は、アノニマスの手に噛みつこうと試みたが、反対に我々の手によって顔面ビンタを食らうハメになるのだ」と記されていた*62。最終的に、このアノニマスのサイバー攻撃により、HB ゲーリー・フェデラル社の評判は散々に打ちのめされる結果となった。

　アノニマスや LulzSec や AntiSec 等、関連するいくつかの分裂グループは、それ以来、悪名を世界に轟かせ、メディアの注目の的となっている。特に、アメリカ海軍、CIA、FBI に始まり、イギリスのタブロイド新聞である「サン（the Sun）」や IRC フェデラル（IRC Federal）、そしてブーズ・アレン・ハミルトン（Booz Allen Hamilton）等のアメリカ政府の民間請負企業がこれまでアノニマスによってターゲットとされてきたのは有名であり、その結果として、まだ幼いハッカー達が世界中で逮捕されるという事態が生じた。彼らによるサイバー攻撃の洗練度は、主として、容易に攻撃できる対象（low hanging fruit）を標的としていた為、高度なものではなく、その動機についても、十人十色で気まぐれなものであり、組織的或は、首尾一貫したものではなかったことは注目に値する*63。

　転覆［破壊］活動のその他の例を挙げるとすれば、グルジア及びエストニアに対して実施された政治的動機に基づいた DDoS 攻撃がある。これらのサイバー攻撃の狙いが、政府間又は政府とメディア、そして国民との情報の流れを断ち切ることにより、指導者の権威及び能力に対する国民の信頼を損なうという社会的要素を持つ一方で、これらのサイバー攻撃が実施される過程及び方法においても、社会的要素が存在することが指摘できる。要するに、原始的な攻撃コードを自発的にダウンロードしたロシアの愛国的ハッカーたちや「ハクティビスト（hacktivists）」、或は「スクリプト・キディー（script kiddies）」の多くが、反ロシア的な政策に対して憤りを感じたり、或は仲間に好印象を与えたいといった感情的理由によってそのような行動を取っていたことが明らかとなっている。アーバー・ネットワークス（Arbor Networks）社のジョゼ・ナザリオ（Jose Nazario）は、エストニ

アやグルジアに対して行われたような DDoS 攻撃を首尾よく実施することは比較的に容易である、なぜならそのような（DDoS）攻撃は、「単に多数の人々が集まって、彼らのホーム・コンピューター上で同じツールを実行する」ことが必要なだけであるからだ、と述べる*64。シャドウ・サーバー（Shadow Server）社のスティーブン・エイデアー（Steven Adair）は、「ごく一般的なユーザーもグルジアの（複数の）ウェブサイトへの（DDoS）攻撃に関与し、これを助けていた」と述べ、これをサイバー（DDoS）攻撃の「グラスルーツ・エフェクト（草の根効果）」と指摘する*65。

さらにもう一つ別の例を挙げるとすれば、2009年1月の「キャスト・レッド作戦」（Operation Cast Lead）の合間に起きたイスラエル人とアラブ人アクティビストたちの間で生じた激しいサイバー格闘戦がある。数多くのイスラエル国内の―特に、小企業の―ウェブサイトが、この短期戦の期間中に改ざんされ、パレスチナを支援する攻撃ツールの一つには、2010年にイスラエル兵士によって殺害されたと伝えられるモハメッド・アル・ドラ（Mohammad al-Durra）にちなんで名付けられていたものが存在した。また、イスラエルを支援する有名なイニシアティブの一つは、「イスラエルの勝利に協力を」というボランティア・ボットネットであり、これは、「パトリオットDDoSツール（Patriot DDoS tool）」―パソコンのバッググランドで起動しながらクライエントにターゲットのアドレスを自動的に更新するツール―をダウンロードすることを通じて、人々が自発的に自らのコンピューターのコントロールをこのボットネット・サーバーに託すことで実施されるDDoS 攻撃である。ウェブサイトの説明によれば、このイスラエルのボランティア・ボットネットは、「スデロット周辺やガザ地区の住民たちが攻撃され苦しんでいる時に何もせず無為に時を過ごすことに嫌気がさした学生グループによって計画・企画されたものであった」*66。エストニア、グルジア、そしてイスラエルにおいて発生した暴動や抗議活動は、たとえボランティアの人々が専門的なスキルを持つ人々のサポートを常に得ることができない場合であっても、サイバー空間へと広まっていくこととなった*67。この事実が明らかにすることは、1）サイバー上における転覆［破壊］活動への参加及び 2）その参加を容易にするテクノロジーの比較的簡単な操作方法が、（従来、サイバー攻撃に必要と考えられてきた）テクノロジーの洗練性以上に重要なものになるかもしれないということである。その上、今日のグローバル・ジハードの事例はこのダイナミックをさらに一歩前進させている。

インターネット、ソーシャルメディア、そしてビデオカメラ付き携帯電話の普及は、破壊的な暴力行為や暴動等の反政府活動、そしてテロを含む転覆［破壊］活動に計り知れないほど重大な影響を及ぼしている。特に、世界的なジハード（聖戦）運動に代表される21世紀の政治的暴力（political violence）は、インターネットによって更に促進される現象となっている。イスラム聖戦士にとって、サイバー空間は、ターゲットでも武器のどちらでもないが、それは、極めて重要なプラットフォームなのである。そのプラットフォームは、外部に存在する友好的な、或は敵対的な聴衆に接触する為に利用されるが、最も重要なのは、それがグループ内部での討論や団結を保つ手段として機能している点にある。過激派のフォーラムでは、どうすれば専門的技術を習得できるかではなく、社会動学（social dynamics）やイデオロギーに関する議論がフォロワーの間で中心的な話題となっている。爆弾の製造技術に関する詳細情報や（教育ビデオをも備えた）ノウハウもオンラインで実際に入手できるが、仮想空間のトレーニングキャンプは、実際に現実世界に存在するトレーニングキャンプに取って代わることは今のところ出来ていない。過去に、そのような代用物が使用されたこともあったが、攻撃の技術的洗練度が低下することは否めない。実際に、テロ活動を継続するにあたって、聖戦の名の下で行われるレジスタンス活動の大義や動機となる思想についての議論以上に、オンライン教材が、重要となることはない。つまり、ジハード主義のウェブ・プレゼンスの狙いは、たとえそれがいかに小規模なものであっても、一定数存在する持続的なフォロワーたちによって過激思想（或は、強力な理念）を生き続けさせることにある。

　このように、現実世界では忘れ去られゆく強大な理念や過激主義が、サイバー空間へと場所を移し、ある特定の集団によって保持され続けていくのに対して、2011年の「アラブの春（Arab spring）」は、このような理念や過激思想のウェブ・プレゼンスが、反対に、現実世界に還元され影響を与えることが出来るということを明にする事例となった。当初、チュニジア、エジプト、リビア、シリア、イエメンにおける既成の秩序を脅かしたアラブ諸国の若者による政治・社会運動は、ソーシャルメディアのプラットフォームにウェブ・プレゼンスを有していたが、それは間もなくして急増するフォロワーたちによって彼らの社会における主流派が持つ大義と結合することとなる。その結果、当初の火種がより大きな政治運動に飛び火するとすぐに、街頭での抗議運動の熱気は、ウェブを遮断しても、また国家の治安部隊を投入して

も、一度動き出したら殆ど止めることができない革命へのダイナミックをもつことになったのである。

Ⅶ　結　論

「破壊・転覆（subversion）」と「サボタージュ（sabotage）」との間に必要な技術・社会的洗練のレベルは逆相関の状態にある。注意深く観察すると、「破壊・転覆（subversion）」よりも「エスピオナージ（espionage）」、「サボタージュ（sabotage）」において、より高度な技術的能力が必要になることがわかる。逆相関関係は必要となる社会動員（social mobilization）に関しても当てはまる。つまり、大衆の支持を動員することは、「転覆（subversion）」にとって不可欠であり、「エスピオナージ（espionage）」にとってもおそらく有益なものであろうが、「サボタージュ（sabotage）」の成功には殆ど影響しない。「サボタージュ（sabotage）」の成功は本質的に攻撃者の技術的洗練の「質（quality）」及び利用できるインテリジェンスに依るのであって、大衆の支持は殆ど関係がない。反対に、「破壊・転覆（subversion）」の成功は、本質的に社会的大義及び政治理念の強さによって動員された支持者の「量（quantity）」に依存する。このことから、本分析は、サイバー戦争を予言する主張に対して真っ向から矛盾する３つの結論を導く。

第１の結論は、「破壊・転覆（subversion）」に関してである。過去、そして現在において、ハイテクノロジーよりもむしろローテクノロジーが暴力、社会の不安定化、そして究極的には戦争に至るエスカレーションを引き起こす可能性が最も高かった。21世紀においても、潜在的に暴力や社会不安を引き起こす可能性が最も高い政治的攻撃のタイプは、科学技術の面で高度に洗練された「サボタージュ（sabotage）」ではなく、むしろ科学技術的には原始的な「破壊・転覆（subversion）」によって引き起こされるものであろう。しかし、インターネットには予想できない影響や効果をもたらす力があり、サブカルチャー・グループ、或はニッチ・グループによって保持された特定の社会・政治的大義や理念は、―それが一時的なものか、或は長期的なものかにかかわらず、また、それが暴力的か非暴力的かに関係なく―たとえこれらの少数派がメインストリームにならなかったとしても、支持者や追従者を魅了し続けるであろう。こういった社会ムーブメントは、ほとんどの場合、

動機によって駆り立てられたものであり、古典的な反政府グループよりも指導者、組織、そして大衆による支持等に依存していない点が挙げられる。

　第2の発見は、より洗練されたサイバー攻撃についてである。サイバー空間は、攻撃することをより容易かつ攻撃の費用対効果を高める一方で、防御をより困難かつコストの掛かるものにすることで、攻撃と防御のバランスを覆すことになったと考えられてきた。つまり、サイバー攻撃は攻撃の機会を増加し、それによるダメージを増大させる一方で、攻撃に伴うリスクを低減する―特殊部隊を派遣するよりも特殊なウィルスコードを送る方が簡単なことからも明らかなように―と考えられている＊68。その結果、サイバー空間における「サボタージュ（sabotage）」やサボタージュを行う者が今後増加するであろうと予測されてきたが、この主張は全くの思い違いなのかもしれない。なぜならそれは、サイバー空間において「量（quantity）よりも質（quality）がより重要になる」からである。つまり、技術的に非常に高度かつ複雑な Stuxnet クラスのサボタージュ（sabotage）を実行できる主体の数は、一般に推測されているよりも実際にはもっと少ないと考えられる。「サイバーサボタージュ（cyber sabotage）」は、例えそれに伴うコストが複雑な通常兵器のシステムにかかるコストと比較した場合には微々たるものであっても、伝統的なサボタージュ（sabotage）以上に困難かつ骨の折れるものである＊69。なぜなら、「サイバーサボタージュ（cyber sabotage）」を行うにあたって、まず前提として複雑な産業システムを理解している必要があり、そして次に、相手のシステムにおける脆弱性が何処にあるのかを、攻撃する前に特定しなければならず、いざ攻撃する段階に入ったとしても、高度に洗練された攻撃手段を特定の目標に対して微調整する必要がある。その結果、攻撃手段を包括的に使用することは非常に困難または不可能になる（例えとして、いくつかの部品が再使用できる可能性があるものの、ある特定の目標に対してのみ製造・使用される非常に高度に洗練されたロケットを思い浮かべれば容易に理解できるであろう）＊70。これが示すのは、全く新しいトレンドなのかもしれない。つまり、システムの脆弱性を発見し、首尾よく「サイバーサボタージュ（cyber sabotage）」を行うのに必要な科学技術の水準は日々高まっており、複雑なシステムの防御・保護機能が厳重であればあるほど、攻撃者はより高度に洗練された技術、より多くの資源、ウィルスの設計や作戦計画における今以上の専門性、そしてより強大な組織が必要になると考えられる。つまるところ、洗練された戦略と高度な技術力を兼

ね備える限られた一握りの主体のみが一流のサイバー攻撃—サイバーサボタージュ作戦（cyber sabotage operations）—を実行することができるのである。

第3の結論は、防御（Defense）に関してである。世界で最も洗練されたサイバー部隊をもつ国は、もし（特に防御の面において）自らの競争力や優位性を保ち続けようとするならば、「情報の開放」に関心を持つべきである。アメリカ、イスラエル、フランス、そして中国、或は北朝鮮といった国が保有する攻撃能力についての正確な情報は極秘情報として扱われているのが現状であり、多くのスパイ活動が被害者に気づかれぬうちに行われていると考えられるのには理由がある。ロジックボムを使用した「サボタージュ（sabotage）」でさえ、防御する側の関知の及ばぬところで進行・計画されている恐れがあり、実際に、政府や大企業においては、安全な投資先としての地位の基盤となる彼らの評判を傷つけたり、会社の脆弱性を露呈しないように、サイバー攻撃の被害を隠蔽するインセンティブが存在する。しかし、情報の「開放（openness）」と「監視（oversight）」のみが組織、意思決定における優先順位、テクノロジー、そしてヴィジョン（vision）において弱点を露出させ、克服することを可能させることから、世界で最も洗練した国家のサイバーディフェンス戦略は、より透過的（transparent）に提示されるべきである。

本論文は、1）暴力を伴い、2）（政治目標を達成する為の）手段としての側面を持ち、そして 3）政治的動機に起因する「サイバー戦争」を世界は未だ経験していないことを論じてきた。記録に残るどのサイバー攻撃をとっても、上記の構成要件を満たすものは存在しない。その代わり、過去10年間、インターネットを利用した非常に高度に洗練された 1）サボタージュ（sabotage）、2）エスピオナージ（espionage）、3）転覆・破壊（subversion）といった攻撃行為を我々は目撃している。これらのサイバー攻撃は、当然ながら今後、軍事行動をサポートする手段になるであろうし、事実何世紀もの間、軍事目的を達成する為に行使されてきた。しかし、ここで問題となるのは、現在のこのトレンドが、軍事活動をより有利にさせる便利な補助ツールとして機能するのではなく、将来において、コード（code）を主要な武器とした「独立型のサイバー戦争（stand-alone cyber war）」の到来を導くことを意味するのかということである。

ジャン・ジロドゥ（Jean Giraudoux）の著作が英訳され始めた1950〜60

年代には、世界は核の撃ち合いという多くの人が不可避と考えた問題に直面することになった。その当時、ハーマン・カーン（Herman Kahn）、ビル・カフマン（Bill Kaufmann）、そしてアルバート・ウォルステッター（Albert Wohlstetter）は、公開の場で核戦争について議論することを控えるように伝えられていたが、リチャード・クラーク（Richard Clarke）は、彼の著作『*Cyber War*』の中で、核セキュリティーの問題と同じ様に、サイバーセキュリティー問題に関しても、余りにも多くの研究が機密扱いされている状況を指摘し、公開の場での議論を促進すべきであると主張する。サイバーセキュリティーに関して公開の場でもっと議論すべき点に関して異存はないが、しばしば行われる核戦争とサイバー紛争（conflict）の比較は、多くの点において的外れであると言わざるを得ない。これは、「真珠湾攻撃」との比較や、「広島アナロジー（the Hiroshima-analogy)」について注意深く再考してみれば明らかであろう。なぜなら、1950年代の核理論の専門家たちと異なり、21世紀のサイバー戦争の専門家たちは、広島に投下されたリトルボーイのような壊滅的な核兵器は勿論、死に至る危険を伴うようなサイバー兵器の（実際の）使用及びサイバー戦争の「真珠湾攻撃」を過去、そして現在において経験したことがない。以上の結果をもって、少なくとも複数のインテリジェンス機関から、サイバー戦争が起こりうるという確信的な証拠や詳細が公開されない限り、サイバー戦争における「真珠湾攻撃」が将来起こりうる可能性は極めて低いと結論付ける他ない*71。それゆえ、本論文のタイトル「サイバー戦争は起こらない（Cyber War Will Not Take Place）」というのは、ジャン・ジロドゥ的な皮肉としてではなく、文字通りに理解されるべきである。

＊1 本論文は、*Journal of Strategic Studies* 第35巻第1号（2012年2月）に掲載されたトマス・リッド氏による'Cyber War Will Not Take Place'を翻訳したものである。
＊2 Jean Giraudoux, Tiger at the Gates (La Guerre De Troie N'aura Pas Lieu), translated by Christopher Fry (New York: OUP 1955).
＊3 John Arquilla and David Ronfeldt, 'Cyberwar is Coming!', Comparative Strategy 12/2 (1993), 141-65.
＊4 William J. Lynn, 'Defending a New Domain', Foreign Affairs 89/5 (2010), 101.
＊5 Richard A. Clarke, and Robert K. Knake, Cyber War (New York: Ecco 2010), 261.
＊6 Lisa Daniel, 'Panetta: Intelligence Community Needs to Predict Uprisings',

American Forces Press Service, 11 Feb. 2011.

*7 Michael Joseph Gross, 'A Declaration of Cyber-War', Vanity Fair, April 2011. これは、核兵器の誕生を象徴付けることになった広島へ投下された原子爆弾（通称リトルボーイ）の比喩と考えられる。

*8 Carl von Clausewitz, Vom Kriege (Berlin: Ullstein 1832, 1980), 27.

*9 One of the most creative and important theoreticians of deterrence, Jack Gibbs, once pointed out that fear and the threat of force are integral ingredients of deterrence, 'Unless threat and fear are stressed, deterrence is a hodgepodge notion.' Jack P. Gibbs, 'Deterrence Theory and Research', in Gary Melton, Laura Nader and Richard A. Dienstbier (eds), Law as a Behavioral Instrument (Lincoln: Univ. of Nebraska Press 1986), 87.

*10 Thomas Mahnken, in a useful conceptual appraisal of cyber war, also uses Clausewitz's definition of war as violent, political, and 'interactive', and argues that the basic nature of war was neither fundamentally altered by the advent of nuclear weapons nor by cyber attack. Thomas G. Mahnken, 'Cyber War and Cyber Warfare', in Kristin Lord and Travis Sharp (eds), America's Cyber Future: Security and Prosperity in the Information Age, Vol. 2 (Washington DC: CNAS 2011), 53-62.

*11 Clausewitz, Vom Kriege, 29.

*12 '[Der Gegner] gibt mir das Gesetz, wie ich es ihm gebe', ibid., 30.

*13 Ibid., 35.

*14 In Vom Kriege, Clausewitz uses similar phrases a few times. This quote is a translation of the heading of Book 1, Chapter 24, 'Der Krieg ist einer bloße Fortsetzung der Politik mit anderen Mitteln', ibid., 44.

*15 This statement is not statement about the different levels of war: connecting between the political, strategic, operation, and tactical levels always remains a challenge.

*16 This problem has been extensively discussed also among legal scholars. For an excellent recent overview, see Matthew C. Waxman, 'Cyber-Attacks and the Use of Force', The Yale Journal of International Law 36 (2011), 421-59.

*17 For a particularly vividly told scenario, see the opening scene of Clarke and Knake, Cyber War.

*18 See, for instance, Yoram Dinstein, 'Computer Network Attacks and Self-Defense', International Law Studies 76 (2002), 103. Arguing from a legal perspective, Dinstein also stresses 'violent consequences'.

*19 More on this argument, Waxman, 'Cyber-Attacks and the Use of Force', 436.

* 20 Michael V. Hayden, 'The Future of Things "Cyber"', Strategic Studies Quarterly 5/1 (Spring 2011) 3.
* 21 Thomas C. Reed, At the Abyss (New York: Random House 2004), 268-9.
* 22 Clarke and Knake, Cyber War, 93.
* 23 Anatoly Medetsky, 'KGB Veteran Denies CIA Caused '82 Blast', Moscow Times, 18 March 2004.
* 24 An accidental gasoline explosion that occured in Bellingham, WA on 10 June 1999, is sometimes named as a violent cyber incident; three youths were killed. Although the relevant SCADA system was found directly accessible by dial-in modem, no evidence of hacking was uncovered in the official government report. See, National Transportation Safety Board, 'Pipeline Rupture and Subsequent Fire in Bellingham, Washington, June 10, 1999', Pipeline Accident Report NTSB/PAR-02/02 (Washington DC, 2002), 64.
* 25 Eneken Tikk, Kadri Kaska and Liis Vihul, International Cyber Incidents (Tallinn: CCDCOE 2010), 17.
* 26 These disruptions were the worst of the entire 'cyber war' according to ibid., 20.
* 27 'Estonia has no evidence of Kremlin involvement in cyber attacks', Ria Novosti, 6 Sept. 2007. It should also be noted that Russian activists and even a State Duma Deputy (although perhaps jokingly) have claimed to be behind the attacks, see Gadi Evron, 'Authoritatively, Who was Behind the Estonian Attacks?' Darkreading, 17 March 2009. See also, Gadi Evron, 'Battling Botnets and Online Mobs', Science & Technology (Winter/Spring 2008), 121-8.
* 28 Tim Espiner, 'Estonia's cyberattacks: lessons learned, a year on', ZDNet UK, 1 May 2008.
* 29 Andrey Zlobin and Xenia Boletskaya, 'E-bomb', Vedomosti] 28 May 2007, 5http://bitly.com/ g1M9Si4.
* 30 The intensity of the attacks was high, with traffic reaching 211.66 Mbps on average, peaking at 814.33 Mbps, see Jose Nazario, 'Georgia DDoS Attacks? A Quick Summary of Observations', Security to the Core (Arbor Networks), 12 Aug. 2008.
* 31 Eneken Tikk, Kadri Kaska, Kristel Rü/nnimeri, Mari Kert, Anna-Maria Talihä¨rm and Liis Vihul, Cyber Attacks against Georgia (Tallinn: CCDCOE 2008), 12. Jeffrey Carr, a cyber security expert, published a report that concluded that Russia's Foreign Military Intelligence Agency (GRU) and Federal Security Service (FSB) probably helped coordinate the attacks, not independent

patriotic hackers. But to date, this was neither proven nor admitted.
* 32 David A. Fulghum, Robert Wall and Amy Butler, 'Israel Shows Electronic Prowess', Aviation Week & Space Technology 168, 25 Nov. 2007; David A. Fulghum, Robert Wall and Amy Butler, 'Cyber-Combat's First Shot', Aviation Week & Space Technology 167, 16 Nov. 2007, 28-31.
* 33 John Markoff, 'A silent attack, but not a subtle one', New York Times, 26 Sept. 2010.
* 34 Sally Adee, 'The Hunt for the Kill Switch', IEEE Spectrum , May 2008.
* 35 Gross, 'A Declaration of Cyber-War'.
* 36 Ralph Langner, 'What Stuxnet is All About', The Last Line of Cyber Defense , 10 Jan. 2011.
* 37 Nicolas Falliere, Liam O Murchu and Eric Chien, W32.Stuxnet Dossier. Version 1.4 (Symantec 2011), 3.
* 38 Ibid., 3.
* 39 This is Ralph Langner's target theory. The question if Stuxnet's code 417 'warhead' was disabled or not is controversial among engineers. See ibid., 45 as well as Ralph Langner, 'Matching Langner's Stuxnet Analysis and Symantec's Dossier Update', The Last Line of Cyber Defense , 21 Feb. 2011.
* 40 Ralph Langner, 'Cracking Stuxnet', TED Talk, March 2011.
* 41 William J. Broad, John Markoff and David E. Sanger, 'Israeli test on worm called crucial in Iran nuclear delay', New York Times, 16 Jan. 2011, A1.
* 42 Nicolas Falliere, Liam O Murchu and Eric Chien, W32.Stuxnet Dossier. Version 1.4 (Symantec 2011), 3.
* 43 See Gary McGraw's discussion with Ralph Langner on Cigital's Silver Bullet, 25 Feb. 2011, 5www.cigital.com/silverbullet/show-059/4.
* 44 Ellen Nakashima and Brian Krebs, 'Contractor blamed in DHS data breaches', Washington Post, 24 Sept. 2007, A1.
* 45 Bradley Graham, 'Hackers attack via Chinese web sites', Washington Post, 25 Aug. 2005.
* 46 William J. Lynn, 'Defending a New Domain', Foreign Affairs 89/5 (2010), 97. Clarke says the spyware was of Russian origin, see next footnote.
* 47 Clarke and Knake, Cyber War, 171.
* 48 Ron Deibert, and Rafal Rohozinsky, Tracking Ghostnet (Toronto: Munk Centre for International Studies 2009), 47.
* 49 Rhys Blakely, 'MI5 alert on China's cyberspace spy threat', The Times, 1 Dec. 2007, 1.

＊50 Clarke and Knake, Cyber War, 232-4.
＊51 Charles Arthur, 'William Hague reveals hacker attack on Foreign Office in call for cyber rules', Guardian, 6 Feb. 201
＊52 'Die Energie des Handels drückt die Stärke des Motivs aus, wodurch das Handel hervorgerufen wird, das Motiv mag nun in einer Verstandesüberzeugung oder einer Gemütserregung seinen Grund haben. Die letztere darf aber schwerlich fehlen, wo sich eine große Kraft zeigen soll.' Clausewitz, Vom Kriege, 69.
＊53 David Galula, Counterinsurgency Warfare: Theory and Practice (New York: Praeger 1964), 71.
＊54 For a historical discussion of ideology's role in guerrilla war, see Walter Laqueur, Guerrilla. A Historical and Critical Study (Boston: Little, Brown 1976).
＊55 Thomas Rid and Marc Hecker, 'The Terror Fringe', Policy Review 158 (Dec./Jan. 2010), 3-19.
＊56 For a more exhaustive list of politically motivated cyber-attacks, see Robin Gandhi, Anup Sharma, William Mahoney, William Sousan, Qiuming Zhu and Phillip Laplante, 'Dimensions of Cyber Attacks', IEEE Technology and Society Magazine (Spring 2011), 28-38.
＊57 A good analysis of Anonymous is Adrian Crenshaw, 'Crude, Inconsistent Threat: Understanding Anonymous', Irongeek.com, 28 March 2011, 5http:// bitly.com/ e87PeA4.
＊58 An explanation and a good introduction into the sense of humor of that subculture is at 5http://ohinternet.com/Lulz4.
＊59 In a video titled Jonas Brother Live On Stage , a viewer commented: 'I'm 12 years old and what is this?' The phrase, quoted in a BBC story, went on to become an Internet meme. Siobhan Courtney, 'Pornographic videos flood YouTube', BBC News, 21 May 2009.
＊60 5www.youtube.com/watch?v1/4JCbKv9yiLiQ4.サイエントロジー (Scientology) とは、ラファイエット・ロナルド・ハバード (Lafayette Ronald Hubbard) が創始した米国に本拠地を置く新興宗教である。
＊61 Peter Bright, 'Anonymous speaks: the inside story of the HBGary hack', Ars Technica, 15 Feb. 2011.
＊62 Anonymous, 'This Domain Has Been Seized...', archived at 5http://bitly.com/ hWvZXs4.
＊63 See 'AnonyLulzyAntiSec, Just What Have You Done for Us Lately?,' Krypt3ia, 22 July 2011, 5http://bitly.com/qQJwiu4

*64 Charles Clover, 'Kremlin-backed group behind Estonia cyber blitz', Financial Times, 11 March 2009. See also Jose Nazario, 'Politically Motivated Denial of Service Attacks', in Christian Czosseck and Kenneth Geers (eds), The Virtual Battlefield, (Amsterdam; Washington, DC: IOS Press 2009), 163-81.
*65 Steven Adair, 'Georgian Attacks: Remember Estonia?', Shadow Server, 13 Aug. 2008.
*66 See also Jeffrey Carr, 'Project Grey Goose Phase II Report', GreyLogic, 20 March 2009, Chapter 2.
*67 Rain Ottis, 'From Pitchforks to Laptops: Volunteers in Cyber Conflicts', Conference on Cyber Conflict Proceedings (2010)
*68 See for instance, Martin Libicki, Cyberdeterrence and Cyberwar (Santa Monica, CA: RAND Corporation 2009), 32-3.
*69 Ralph Langner, 'A declaration of bankruptcy for US critical infrastructure protection', The Last Line of Cyber Defense , 3 June 2011.
*70 See Roberta Stempfley and Sean McGurk, Testimony, US House of Representatives, Committee on Energy and Commerce, 26 July 2011, 7, '[S]ophisticated malware of this type potentially has the ability to gain access to, steal detailed proprietary information from, and manipulate the systems that operate mission-critical processes within the nation's infrastructure.'
*71 In May 2011, the Obama White House stressed deterrence in cyberspace and made clear that 'certain hostile acts conducted through cyberspace' could trigger a military response by America (in using 'all necessary means', the document explicitly included military means). But the White House did not make clear what certain hostile acts (p. 14) or 'certain aggressive acts in cyberspace' (p. 10) actually mean, Barack Obama, International Strategy for Cyberspace (Washington, DC: White House, May 2011).

論 文

防衛省・自衛隊による非伝統的安全保障分野の能力構築支援
——日本の国際協力政策の視点から——

本多　倫彬

はじめに

2011年に防衛省は「途上国の軍等に対する能力構築支援*1」を開始した。能力構築支援の分野は「非伝統的安全保障」とされており、対象国の軍事組織に対して非伝統的安全保障上の課題に対処するための訓練等を防衛省・自衛隊が行うこととなる*2。「非伝統的安全保障」が何を指すのかについては多くの議論*3があり、未だ定まっているとは言えないが、「非軍事的資源から生起する安全保障上の脅威」という点については、コンセンサスを得られるだろう。本稿では、国家間の軍事的安全保障を「伝統的安全保障」とし、それを除く安全保障上の課題として、例えばテロ、海賊、気候変動、感染症、自然災害、不法移民、食糧難、不法移民、麻薬取引・国際犯罪等を「非伝統的安全保障」としていく。

国境を超えるこれらの脅威への対処は、国際的な協力を必要とすることから「主要国家間の対立を緩和させる傾向*4」を持つことも指摘され、国家間の伝統的安全保障にも寄与するものとして考えられてきた。また近年は、国連 PKO の複合化・多機能化に伴う平和維持軍の平和構築や国家建設への注力、アフガニスタンで特に注目された「紛争地における軍隊による人道支援活動」、また東日本大震災時には日本が米軍等による支援を受けた様に「軍隊の人道支援・災害救援（HA/DR）」等、軍事組織が非伝統的安全保障領域において国際協力活動に広く取り組むようになっていることは多言を要さない。軍事組織による能力構築支援もまた、こうした非伝統的安全保障分野の取り組みの中で誕生してきた概念であり、日本でも近年、米軍の取り組みが取り上げられたり*5、日本の安全保障政策としての能力構築支援の検

討が行われる*6 など、注目を集めるようになっている。一方で、防衛省による能力構築支援については、その新しさもあってこれまで分析の対象として取り上げられてこなかった*7。

「世界に遅れたくないという動機がある」という批判的な指摘*8 にも明らかなように、防衛省の能力構築支援も、上述の安全保障領域の拡大と、それに伴う軍事組織の役割の多様化と能力構築支援の要請という国際潮流の中に位置付けられよう。しかしながら非伝統的安全保障の課題は上記のとおり多様であり、対応も様々となる。防衛省は、具体的にどのような課題へのいかなる対処を企図しているのだろうか。同時に、非伝統的安全保障分野の日本の能力構築支援としては、外務省が国際テロ対策の一環で、主として東南アジア諸国のテロ対処能力向上のための支援を「キャパシティ・ビルディング支援*9」として進めてきた。外務省によるこうした支援を含め、日本の既存の国際協力活動と防衛省の能力構築支援との関係や相違はいかなる点にあるのだろうか。

以上の疑問を手掛かりに本稿は、以下の目的を置いて検証を行う。第1に、外務省・防衛省それぞれの行う能力構築支援*10 について取り組みの進展を概観し、2つの政策手段の位置付けを検証することである。第2に、この検証を踏まえて、従来は政府開発援助（Official Developmen Assistance, ODA）や国際平和協力によって担われてきた日本の国際協力政策*11 において、防衛省の新たな試みが有する意味について考察することである。

I　安全保障と能力構築

1．予防的活動としての防衛省・自衛隊による能力構築支援

従来、防衛省・自衛隊の国際協力活動については、紛争等が発生した事後における活動が主たる対象*12 であった。しかし2010年の防衛計画の大綱に、「非伝統的安全保障分野において、地雷・不発弾処理等を含む自衛隊が有する能力を活用し、実際的な協力を推進するとともに、域内協力枠組みの構築・強化や域内諸国の能力構築支援に取り組む」ことが明記され、事後対処に留まらない予防的な活動が求められるようになった。

同大綱では具体的な非伝統的安全保障に係る脅威として、地域紛争、破綻国家の存在等に加え、海洋、宇宙、サイバー空間におけるリスクについて言及を行っている。こうして2011年4月に防衛省内に能力構築支援室が設置さ

れた。関係者からは当初から、「(予算規模も)すぐに10倍程度には拡大するだろう」と指摘＊13されている。

安全保障における予防的活動は、病理学的ないし疫学的アプローチとも形容され、ポスト冷戦期の安全保障に求められるアプローチとして整理がなされるとともに、そうしたアプローチに基づく安全保障論の特徴としては「伝統的な安全保障論と比して倫理色が強く表れている」点も指摘されている＊14。こうした点は、次節で観るように、ODA、開発援助が担ってきたものと類似するものでもある。

2．日本のODAに導入される安全保障の視点

ODA供与を中心とする日本の国際協力政策は近年、多様な主体の連携が謳われる方向性が著しい。「日本の国際協力の担い手」として位置付けられるアクターも、NGO、民間企業、自衛隊、海上保安庁、警察に至るまで多様化してきている。例えば2012年に当時の玄葉外務大臣は講演＊15において、グローバルな課題に向けて日本の総力を結集させた国際協力として、「フルキャスト・ディプロマシー＊16」という概念を打ち出した。ここでは具体的なキャスト(担い手)として、政府、地方自治体、NGO、中小企業、個人が挙げられている。こうした傾向の中で、安全保障に係る国際協力活動についても、多様なアクターが関わる形で発展を遂げてきている。具体的には、2002年のJICA設置法＊17改正によって「(紛争からの)復興」がJICAの活動の射程に加えられるとともに、PKO法の改定やイラク特措法の制定による自衛隊派遣の範囲が拡大され、さらにODAをNGOが利用するスキームであるNGO連携無償資金協力についても、紛争地域での活動を想定して危険な地域での活動への対応が進められるとともに2010年には申請可能な分野として平和構築が新設されている。

この背景には「空間横断の安全保障＊18」や「重層的安全保障」とも言われる9.11以降に出現した国際安全保障環境の変化があることは指摘するまでもない。2003年に策定された新ODA大綱には、「(貧困削減は)国際社会が共有する重要な開発目標であり、また、国際社会におけるテロなどの不安定要因を取り除くためにも必要である」と記述され、安全保障がODAの射程に明示的に含まれるようになってきた。言い換えればODAは、開発プロジェクトを通じて開発ニーズの充足だけでなく、テロ等の非伝統的安全保障上の脅威に対処し、安定した安全保障環境の確保に資することが求められるよ

うになってきたのである。同時に、こうした取り組みは「優先度の高い国際公共財の供給」とも位置付けられている*19。

近年では、特に日本が重点的に ODA 供与を行ってきた東南アジア諸国について、ODA を含めた対外政策が「安全保障政策の文脈から再構成されることが望ましい」とする提言*20 もなされており、安全保障に基づく国際協力政策の必要性が強調されるようにもなっている*21。上記の玄葉外務大臣演説においても、「我が国の安全保障上も重要な課題の推進に当たって、ODA などを一層戦略的に活用していく方針です*22」とされ、安全保障は「国際協力の新たな空間」と位置付けられている。ODA の具体的な活用分野としては、「シーレーンの安全確保、テロ・海賊対策のための巡視艇の供与を含む沿岸途上国の海上保安能力向上などの安全保障上も重要な課題（傍点は筆者による）」とされ、これらを実現することも視野に、2011年11月には武器輸出三原則の緩和も行われ、「平和貢献・国際協力」目的の防衛装備品（武器）供与を行うことも可能とされてきた。

3. 対象とする脅威の相違への視点

日本の2つの能力構築支援については、上記のように国際協力活動を安全保障政策の中に位置付ける方向の議論が進められてきた。この方向性は、例えばアジア・大洋州地域で周辺国の軍事組織の能力構築支援を進めてきた豪州でも、海上安全保障の地域協力は国防予算のみならず ODA との協力ベースでなされるべきだとする政策提言*23 も出されているように、「安全保障政策の中で ODA を使っていく」という位置付けであると言えよう。

実際にここまでに整理したように、2つの能力構築支援は、日本の国家安全保障に影響を及ぼす可能性のある事象への対処能力を構築するための活動として位置付けられている。また、ODA についても自衛隊の国際平和協力についても、日本の国際協力は、対米協力や国際的な発言力の確保等をその動機とするという分析*24 がしばしばなされており、防衛省の能力構築支援についても、対米協力の一環にあることを強調する指摘*25 が行われてもいる。こうした点を踏まえれば、2つの能力構築支援の目標はある程度統合されるものと思われる。それでは冒頭に記載した通り、両者の相違はいかなる点にあるのであろうか。

この疑問は具体的には、外務・防衛両省の能力構築支援が、それぞれどのような脅威へのいかなるアプローチなのかの検証を要請するものであると言

える*26。危機管理論*27 において、一般に脅威対処の段階は「事前、事中、事後」に区分される。国際協力活動の文脈で言えば、「予防、緊急対応、(復旧)復興・開発」という活動の性質としてそれぞれ対応しよう。また実際の取り組みは、脅威情報の収集、脅威の評価と対処すべき脅威の特定・対策の検討、脅威への対処、評価という一連のプロセスによって進められる。ここからは、安全保障上の脅威への予防的な政策手段として2つの能力構築支援を捉えた時に、「そもそも何を脅威として特定しているのか」という点の精査の重要性が指摘できる。仮に明確な脅威認識のないままに実施されているとすれば、本来であればそれは脅威の顕在化を防止するという政策としては適さないと言える。冒頭に述べた防衛省の能力構築支援への批判*28のように「諸外国に出遅れまいという意識の表れ」ということにもなろう。

以下では、2つの能力構築支援の内容を検討して、それぞれが想定する脅威を特定し、政策の射程と目的レベルでの相違とを検証する。

II　2つの能力構築支援の射程と構造

1．外務省の能力構築支援

ODA での能力構築支援の主眼は上述のとおり「対テロ・海賊」とされ、具体的にはテロ対策等治安無償資金協力を2006年に設置して、研修事業や装備品購入のための資金供与等が行われている*29。この中では特に、ODAによる巡視艇の供与を含めた東南アジア諸国の海賊対処能力強化を主眼にした海上安全保障能力の向上に力が入れられてきた。日本が ODA 供与によって巡視艇を供与した嚆矢としては、2006年にインドネシアの海上警察局に対して行われた事例がある*30。この際は操舵室の防弾ガラスが防衛装備品とされて武器輸出三原則にかかることになり、「政府開発援助の対象であるテロ・海賊行為等の取締り・防止に限定して使用する（傍点は筆者）」ことと、「日本政府の事前同意なく第三者に移転しない」ことを条件とした官房長官談話*31 により、例外扱いで供与を実現している。

こうした海上安全保障分野の支援として、2011年の武器輸出三原則の緩和を受けて2012年4月28日に、巡視艇供与を含む能力構築支援が決定された。具体的な支援先としてフィリピン、マレーシア、ベトナムが挙げられている*32。供与先各国は南沙諸島等、中国と領有権・漁業権等を巡って緊張関係にある諸国であり、例えばベトナムは2009年以降、中国の漁業監視船が南

シナ海においてベトナム漁船の操業を妨害、拿捕する事案が相次いでいることを踏まえ、中国を見据えた海上安全保障力の強化を必要としてきた*33。

　この指摘にもあるとおり、ベトナムと中国の南シナ海の領有権問題は、漁業等をめぐる海上保安組織や漁船間のにらみ合いという形でも表面化してきた。現在では中国側に比べて装備・質の両面から劣勢にあるベトナムに対して、日本が巡視艇供与を含めた海上安全保障の能力構築支援を実施することは、政治的メッセージを含めて中国とベトナムの領有権争いにも影響を与えるものとなる。実際に玄葉外務大臣は、「シーレーンの安全確保などにODAを戦略的に活用していくことでアジア・太平洋地域の安全に一層貢献し、アジア太平洋を重視する米国の軍事外交戦略・政策と補完的な役割を果たし合うことができる」として、米国の中国政策の一翼を担うためにもODAを活用した海上安全保障協力を進めるという政策の位置付けを明らかにしている*34。すなわち巡視艇の供与に代表されるODAによる海上安全保障分野での能力構築支援は、アジア・シフトを進める米国の戦略と、その背景としてある中国の台頭への対応として位置付けられると言えよう。

　言い換えれば、外務省による能力構築支援は、外務省自身の説明にあるように対処すべき直接の脅威として非伝統的安全保障上の脅威である海賊やテロを設定するものではあるが、その射程には中国を念頭に置いた対米協力の側面が底流にあると言える。こうした米国との協力による中国牽制は、中国の急速な台頭の影響を感じざるを得ないアジア・大洋州地域の各国において進められている取り組みでもある*35。実際にこれらの試みに対する報道にも賛否両論あるが、いずれも「中国牽制*36」「中国海軍ににらみをきかせる狙い*37」といった表現がなされているように、中国を意識した取り組みとして捉えられてきた。

　これらの取り組みに加えて日本は2011年11月18日に上記3ヶ国を含むASEANと合同でバリ宣言を採択して「海洋の平和と安定が地域の繁栄に不可欠」という認識を改めて示すとともに、南シナ海における「航行の自由」を確保するために多国間の協議体である東アジア海洋フォーラムを設置するなど、政治安全保障分野での協力を進めることも明確にしてきた*38。こうした政策は、2012年末に発足した安倍内閣が翌月に発表した「アジア外交方針」でも、日本の国益は「万古不易・未来永劫、アジアの海を徹底してオープンなものとし、自由で、平和なものとするところ」にあるとされ、力による現状の変更を認めないことを基本方針に、継続して打ち出されている*39。

2. 防衛省の能力構築支援

防衛省の能力構築支援は、2010年の防衛大綱に掲げられた3つの目標「我が国に直接脅威が及ぶことを防止し、脅威が及んだ場合にはこれを排除するとともに被害を最小化すること」、「アジア太平洋地域の安全保障環境の一層の安定化とグローバルな安全保障環境の改善により脅威の発生を予防すること」、「世界の平和と安定及び人間の安全保障の確保に貢献すること」の中で、第2の目標の試みとして位置付けられている。同大綱では中国について、周辺海域において活動を拡大・活発化させていることを指摘して「地域・国際社会の懸念事項」と位置付けており、第2の目標の念頭には中国の台頭が置かれている。2011年10月には、防衛省は能力構築支援の中心的目的を「対象国の能力の向上」とした上で「「地域の安全保障環境の向上」に繋がることが重要」としており、アジア太平洋地域での中国への対抗を企図した取り組みとしての側面が存在する*40。

それでは具体的にいかなる取り組みが形成されてきたのであろうか。具体的な支援対象には、開発途上国の軍又は関係機関に対する「人道支援・災害救援や地雷・不発弾処理、防衛医学などの非伝的安全保障分野」が挙げられている*41。

表1 2012年度の能力構築支援事業候補一覧※

対象国	内　容	概　　要
東ティモール	人道支援・災害救援	人道支援、災害救援に必要な装備品の維持・整備技術に係る人材育成支援
カンボジア	地雷処理	カンボジア軍等に対する地雷処理技術に係る人材育成支援
インドネシア	海上安全保障	インドネシア海軍等に対する海上安全保障関連分野（海賊対処等を含む）の人材育成支援
ベトナム	非伝統的安全保障／海上安全保障	ベトナム軍のPKO能力（後方支援分野）、海上安全保障分野を含む非伝統的分野に係る人材育成支援
モンゴル	衛生	モンゴル軍のPKO、衛生分野の人材育成支援
トンガ	衛生	トンガ軍の衛生分野に関する人材育成支援

※防衛省資料に基づき筆者作成。「平成24年度能力構築支援事業の具体的な候補国等について」（防衛省防衛政策局国際政策課作成、2012年2月）。

表2　2012年度の能力構築支援事業分野一覧（複数分野にわたるものもある）

	事業分野	対象とする脅威や目的	対象国
①	人道支援・災害救援	自然災害	東ティモール
②	地雷処理	地雷	カンボジア
③	海上安全保障	テロ、海賊	インドネシア、ベトナム
④	PKO	軍の後方支援能力	モンゴル、トンガ
⑤	衛生	（軍人の）負傷・罹患等 ※人道支援能力向上	

　実際に防衛省の能力構築支援の活動分野として検討されたのは、海上安全保障、PKO・人道支援/災害救援、地雷・不発弾処理、ガバナンス支援、の4分野[42]であった。これらを踏まえて2011年に上記表に記載するニーズ調査事業が形成された。この調査結果を踏まえて2012年度は5億円の予算要求がなされるとともに、東ティモール、カンボジアでは国防軍等への訓練事業が開始、またインドネシア、ベトナム、モンゴルではセミナー等が開催されている。

　表1は能力構築支援を対象国別に整理したものである。この一覧を、事業分野と対象とされる脅威の観点から再整理を行ったものが表2である。

　表2からは、日本にとって脅威となる可能性のあるリスクは、③のテロ、海賊等によるシーレーンへの脅威であることが指摘できる。これは、外務省の進めてきた能力構築支援と分野・対象国ともに共通でもあり、実際に中国への対抗という政策目的に即したものとも言えるだろう。同時に、アジア太平洋地域やグローバルな安全保障環境への脅威という観点としては、③に加えて①が加わる。これらは対象国の軍隊の災害対処能力の向上を図るものであり、自衛隊が日本国内で続けてきた災害派遣のノウハウを伝えることも企図されている。

　軍事組織によるHA/DRについては、後述する国際共同訓練の実施や東日本大震災での米軍等の活動にも顕著なように、近年、軍事組織の対応するグローバルな課題として注目されている。同時に、アジア太平洋地域において米国がプレゼンスの拡大・維持の観点から重視している分野でもあり、そうした米国の戦略の一端を担うものとも位置付けられる。

しかしながら、③を例外として、日本にとっての脅威への対処という観点、或いは対中戦略を含めた地域や国際社会の安全保障の確保という観点からは、防衛省の進める能力構築支援の意義は必ずしも明確には図られないことも指摘できる。とりわけ①、②は、NGO や国際協力機構等によって担われてきた分野でもある。外務省の能力構築支援と重複する③も含めて、防衛省の能力構築支援は、その対象が軍人・軍事組織であると言う点を除けば、対象とする課題において伝統的な ODA やいわゆる国際協力事業との違いを見出すことは困難であることも指摘できよう。以下ではそれぞれの事業について、さらに詳細を検討していきたい。なお、能力構築支援の意義について、例えばモンゴルについて「天然資源の存在や地政学的な重要性*43」を指摘していることからは、副次的効果を企図していることには留意する必要がある。

（１）防衛省の能力構築支援の射程①：PKO の活動成果の拡充

防衛省が実際に訓練要員を中長期に派遣して事業を開始したのは、カンボジアと東ティモールである。両国は、国連 PKO への自衛隊施設部隊派遣が実施された国であり、両国での能力構築支援は予防的取り組みではあるものの、過去の PKO 派遣のフォローアップとも呼ぶべき活動であることが指摘できる。実際にそれぞれの業務においては、過去の自衛隊の部隊派遣について言及が行われるとともに、2011年に防衛省が行ったニーズ調査に際しても、自衛隊の活動成果を引き継いだり、拡充することを企図して活動してきた NGO（カンボジア：日本地雷処理を支援する会（JMAS）、東ティモール：日本地雷処理・復興支援センター（JDRAC））へ業務委託が行われており、過去の国際平和協力との接点は大きい*44。

そもそも国連 PKO への自衛隊部隊派遣の際には、受け入れ国側から任務の延長や任務完了後の継続的支援が要請されてきた。例えば東ティモール PKO 派遣では、東ティモール国軍に自衛隊施設部隊をモデルとした工兵隊を育成すること等の能力構築支援の要望があったが、軍隊への訓練が PKO 法において規定されない活動となるために実施を断念した経緯がある。この際には、JDRAC が ODA 事業として活動を引き継いで警察部隊に対する地雷処理教育を実施することで要請に応えている*45。また、洪水や土砂崩れ等の自然災害が頻発する一方、民間・行政機関の土木能力が限定されている東ティモールでは、国軍の災害派遣に対する需要は大きい。しかし、インドネシアに対する独立戦争を闘ってきた同国軍には、災害現場に出動した部隊

が土木作業機材を持参せずに現場に出動するなど、災害派遣が根付いていないとされていた*46。

　2011年には、グスマン東ティモール大統領が北原巌在東ティモール日本大使に対して、「災害現場に銃ではなくスコップを持って駆け付ける軍隊を、自衛隊施設部隊を手本に作りたい」として、国軍の改革のためにも災害派遣の能力構築支援の要望が改めて寄せられており、防衛省の能力構築支援はこれらに応える形となっている。すなわち、カンボジアと東ティモールで開始された新たな能力構築支援の取り組みは、過去のPKO派遣（国際平和協力）の拡充として位置付けられるものと言える。なお、上記の2つのNGOは、外務省のNGO連携無償等を活用してODAによる能力構築支援に数年間に渡って取り組んできたことから、防衛省の能力構築支援によって現地カウンターパートが文民組織から軍事組織になったことを除けば、事業分野においても大きな変化は見られないものである*47。

（2）防衛省の能力構築支援の射程②：人道支援・災害救援（HA/DR）

　HA/DRは、土木技術・機材等の施設能力と同時に、医療、とりわけ緊急医療と防疫、さらに輸送といった分野も主要な任務となる。したがって東ティモールに対する支援は、HA/DR分野における能力構築支援でもあり、またモンゴル・トンガにおける医療隊の支援についてもHA/DR分野に分類することが妥当であろう。

　HA/DRは、自衛隊も参加したインドネシア・スマトラ島の地震に対する国際的な救援活動を1つの契機に、自然や環境などから来る脅威に対する軍事組織による国際的な活動として急速に発展を続け、東アジア地域では国際共同訓練の実施等、対応力の向上が図られてきた。具体的な取り組みには、日本が護衛艦を派遣して参加しているパシフィック・パートナーシップ（Pacific Partnership, PP）と、アセアン地域フォーラム（ASEAN Regional Forum, ARF）の実施するARF災害救援実動演習が知られている。

　前者は2006年に開始された米軍が主導するプログラムであり、実際の緊急時の活動のために、感染症や風土病の発生状況、医療水準等の現地情勢の把握や装備の準備に向けた情報収集、各国部隊のレベルの調査が兼ねられた訓練である。この中では、現地の医療機関への教育訓練やNGOとの民軍協力に係る訓練も実施されている*48。

　米軍のプレゼンスをアジア地域で維持・確保するための取り組みでもあり、

また部隊展開の実働訓練ともなるものだが、派遣される自衛隊側からは「基本的には医療支援を主眼にした多国間共同訓練」と捉えられ、同時に「実際に災害が発生した際には派遣される可能性が高い以上、そのための訓練は必要＊49」ともされており、実施レベルでは軍事組織の新たな任務となってきたHA/DRの技術訓練として進められている。また後者（ARF）の枠組みでは、2009年から実働訓練が行われている＊50。なお、PPが主として医療に焦点を当てる一方で、ARFは緊急人道支援全般を扱い、捜索救助の訓練等も実施している＊51。

こうした取り組みに明らかなように、東南アジア地域におけるHA/DR分野での国際的な取り組みは、米軍のプレゼンスの確保という米国の戦略的目標を踏まえた上で、多国間協力によって軍・民、そして援助側・非援助側という全く異なる性質の機関が協力する活動として取り組みが発展している。HA/DRを目的とした能力構築支援についても、こうした中に位置付けられよう。

（3）防衛省の能力構築支援の射程③～海上安全保障およびPKO能力

最後に、インドネシア、ベトナムに対する海上安全保障分野の協力がある。ベトナムについては「PKO関連又は海上安全保障」とした上で、2012年時点では「PKO能力の向上」が検討されている＊52。海上安全保障分野の取り組みとしては、インドネシアに対する「海賊対処のための技術支援」がある。両国に対する協力を念頭に企画された2011年度の調査研究事業＊53では、海賊対処、海上救難等が事業分野として設定されている。これらを踏まえて両国ではそれぞれの分野に係る能力構築支援に取り組んできた。ただしカンボジアや東ティモールのような要員を長期間派遣して行う訓練事業ではなく、能力構築支援室要員中心に数名の自衛官を派遣した数日間のセミナー開催＊54及び、当該国から研修員を数日間招聘した訓練を行うものであり、従来の防衛交流の発展とも位置付けられる取り組みともなっている＊55。

III 能力構築支援と安全保障政策

1．2つの能力構築支援の再検討

表3は、2つの能力構築支援が政策の射程上どのように位置付けられるのかについて、整理を行ったものである＊56。

表3 2つの能力構築支援の位置付け

		予 防	緊急対処	復旧・復興・開発
伝統的安全保障分野	外務省	外交努力、能力構築支援(ODA)	外交努力等	外交努力等
	防衛省	防衛交流、共同訓練	防衛出動等	—
非伝統的安全保障分野	外務省	対テロ・海賊(ODA)	緊急支援(ODA)国際緊急援助等	開発援助(ODA)
	防衛省	防衛交流、共同訓練、能力構築支援		国際平和協力(PKO等)

　2つの能力構築支援は、ともに脅威への予防対処であるが、戦略的 ODA で取り組まれるものは中国を念頭に置いた伝統的安全保障の文脈にあり、一方の防衛省が開始したものは実態としては非伝統的安全保障の領域に位置している。ここからは、本稿冒頭に引用した能力構築支援批判にあるように、実施主体・受け取り主体が軍事組織か非軍事組織かといった区分は、ODA の軍事利用を禁ずる現行の ODA 大綱や、平和主義を原則とする日本の国際協力の姿勢を踏まえれば重要ではあるが、形式主義的であるとも言えよう。

　OECD/DAC の定義で ODA とは「開発途上国の経済発展や福祉の向上に寄与することを主たる目的とするもの*57」とされている。日本のODAは、安全保障政策の肩代わりとして機能してきた側面が存在しながらも、国際社会の平和と発展に貢献することと開発途上国の経済発展と福祉の向上を目的に取り組まれてきた。それがゆえに「日本生存のためのインフラ*58」ともなってきた。また、2010年の「ODA のあり方に関する検討最終とりまとめ*59」においては、「同じ人間としての共感を持って、途上国の人々と共に人間の安全保障の実現を図る」という文言が加えられるともに、ODA は開発協力の中核に位置付けられてもいる。

　また、戦争や紛争が、しばしば人道危機や貧困の要因となっていることは指摘するまでもないが、例えその予防につながるとしても、軍事組織はODA の供与先の選択肢としては除外されている。しかしながら日本が近年進める能力構築支援は、中国の台頭を念頭に置いた南シナ海の海上安全保障の観点から、米国の対中政策の一端を担うことが志向されてきた。中国の台頭への対抗を主たる目的に安全保障アクターの能力強化*60 に ODA を適用することは、それがそもそも ODA になり得るのかといった手続き的な点*61

をクリアしたとしても、軍事支援を明確に除外する ODA の原則と本質的に相容れないと思われる。同時にこのことは、非軍事・平和主義を建前としてきた日本の国際協力政策の根本的な転換ともなりうるだろう。

一方の防衛省の能力構築支援については、国際平和協力の拡充や、軍事組織による HA/DR への準備等として構成されてきた。防衛省自身は中国への対抗の一環として能力構築支援を位置付けているように、防衛省の能力構築支援が中国の台頭や対米協力を意識していないということを主張するものではない。しかしながら形成された事業をみれば、中国に直接的に対処しようとする性質のものというよりも、むしろ非伝統的安全保障分野の活動に焦点を当てたものとなってきた。同時にそうした取り組みは、前述した東ティモールのグスマン大統領の「災害現場に銃ではなくスコップを持って駆け付ける軍隊を作りたい」という言葉にもあるような、平和構築における治安部門改革（Security Sector Reform, SSR）においても重要性が指摘される軍隊の体質改善*62 にも合致するものでもあった。

以上を踏まえれば防衛省による能力構築支援は、従来の PKO 派遣に SSR までをも射程に加えた国際平和協力として、或いはテロ・海賊対処における共同訓練の拡大や、多国間協力による HA/DR に向けた国際緊急援助活動として、既存の非伝統的安全保障分野の政策を拡充する政策としての側面が強いものと言える。

2．安全保障分野の国際協力への視点と課題

非伝統的安全保障上の脅威は、ソマリア沖の海賊対処に NATO 諸国と、ロシア・中国といった伝統的には対立関係にあった国家が協力して活動を行っているように、国境を超える脅威の特性を踏まえて、対立要因を抱えた国家同士も一定の協力を行うことが求められてきた分野でもある。最初に指摘したように、協力して取り組むことを通じて、潜在的に対立している国家間の軍事組織の交流や協力と、それによる信頼醸成*63 も進められてきており、日本も冷戦以降、そうした取り組みに積極的に関与してきた*64。こうした特徴を踏まえれば、非伝統的安全保障の取り組みを中国の脅威対処へ、云わば伝統的安全保障へ転換する現在の戦略的 ODA の方向性には、柔軟な協力が可能かつ必要な非伝統的安全保障領域を、硬直化し易い伝統的安全保障領域に転換する特徴があることを指摘できるだろう。言い換えれば、非伝統的安全保障を名目に中国戦略を進めることは、協力が比較的行い易い非伝統的

安全保障脅威への対応を停滞させ、また協力を通じた国家間対立の緩和や信頼醸成という従来から指摘されていた効果*65 にもマイナスの影響を及ぼしかねないということである。

また、前述のように日本の国際協力においては近年、ODA 以外の取り組みの比重が増しており、「Beyond Aid（援助を超えて）*66」とも言われる潮流の進展が著しい。ODA が他の枠組み・手段と並立して援助に取り組むようになっている現在、戦略的 ODA の基底にあるように「ODA をこれまでとは異なる分野にどのように活用するかという視点」とともに、「ODA でなくてはならない役割や ODA であることの意義への視座」が改めて必要となると思われる。防衛省による能力構築支援という新たな政策が誕生したことには、現在日本が必要としている安全保障協力を行うには ODA という既存の政策手段は必ずしも適しておらず、ODA を活用するアプローチに限界が生じているということを示唆してもいよう。

これらを踏まえれば、戦略的 ODA は中国を念頭に置きつつも、巡視艇の供与など直接的に安全保障分野に適用するというよりも、あくまで安全保障上も使用可能な港湾施設など、途上国の経済発展に寄与するインフラ整備等*67、ODA の本来の目的に合致するものに注力することの方が望ましいと思われる。また、巡視艇等の武器装備の供与については、武器輸出が法的に可能となった現在、ビジネス・ベースの武器輸出や、豪州のように非 ODA の国際協力プログラムとして行うことも検討の必要があるだろう。こうした観点から防衛省の能力構築支援は、ODA とは異なる分野、ODA が適さない分野を担うプログラムとしてモデルとなる可能性を持っていよう。実際に、非伝統的安全保障分野での防衛省・自衛隊の取り組みである国際平和協力が、既に日本の取り組みとして国民の圧倒的な支持*68 を受けている現在、その発展とも位置付けられる能力構築支援についても、より支持が集まるものと思われる。

一方、このように国際協力政策の観点から見た時には、現状の防衛省による能力構築支援には多くの問題が存在する。軍事援助であるという政策の特徴はその1つであり、平和主義を国是にする日本がこうした取り組みを進めることが、日本のイメージや日本の国際協力に与える影響という観点は検討を要しよう。また、ODA では確立されてきた評価や情報公開制度が、防衛省の能力構築支援には存在しないことも指摘できる。外務省は、ODA 批判にさらされる中で事業評価の体制を制度化し、同時にそれらの結果を公開し

てきた。こうしたいわゆる情報開示に留まらず、ODA 広報の一環でも、より国民に分かりやすい情報提供にも積極的に取り組んでいる*69。もちろん、インフラ整備の様な明確な形に残る ODA 事業とは異なり、人材育成を行う能力構築支援は評価になじみにくく、実際に JICA の技術協力による能力構築支援を進めてきた海上保安庁の関係者は、「(海上保安能力の醸成には)少なくとも10年は要する*70」とも述べており、能力構築支援の評価を行うことの困難は想像に難くない。

しかしながら、防衛省の能力構築支援もまた評価や情報公開の努力を進めることは国民の信頼を得る上でも不可欠であり、人材育成でも大きな役割を果たしてきた ODA で構築されていた評価制度や状況分析の枠組みは参考となるだろう。またそれらを共有することにより、2つの能力構築支援のギャップを埋めていくことにも繋がると思われる*71。

おわりに

本稿では、2つの能力構築支援に焦点を当てて政策の位置付けを分析し、それぞれの有する安全保障上の戦略的目的を明らかにしてきた。2つの能力構築支援は共に、中国の脅威への対処を主たる目的に、非伝統的安全保障分野を活用して取り組む政策として位置付けられている。

台頭する中国の脅威への対応は時代の要請とも言え、実際に戦略的 ODA による能力構築支援は、中国戦略の側面が表れているものであると言える。一方、防衛省の能力構築支援によって実際に形成されてきた取り組みは、人道復興支援や PKO 派遣での民生支援、或いは国際的な災害派遣等、戦闘以外での安全保障分野の取り組みを進めてきたこれまでの国際平和協力の影響が作用し、既存の非伝統的安全保障分野における政策の拡充という側面が強く表れていることを明らかにしてきた。こうした防衛省・自衛隊の政策の特徴は、軍事組織による戦闘以外の任務が増える中、人道支援や復興支援に特化してきた日本の国際平和協力の性質の現れとして、改めてその意義が注目されてよい。

また結果として、実施されている取り組みは地雷対策や自然災害、海賊対処等を射程としており、伝統的に ODA で行われてきた分野と重なることにもなる。現在は防衛省が単独で進めているが、オール・ジャパンといった方向にある日本の国際協力政策を考えてみても、本稿で示したようにそれぞれ

の政策の意義や性質を再度検証するとともに、複数の政策間の協力や役割分担による全政府の取り組みが図られるべきであると思われることは付記しておきたい。

*1 能力構築は、そもそも開発援助において用いられてきた概念であり、特定分野の取り組みを指すというよりも、様々な課題を抱える発展途上国の住民が自力で対処できる能力を身に付けるための支援を指す概念である。
*2 防衛省ウェブサイト「能力構築支援について」、
http://www.mod.go.jp/j/approach/others/shiritai/cb/index.html, accessed on June 14, 2014.
*3 「非伝統的安全保障」を巡る概念の整理については、以下を参照。遠藤哲也「『非伝統的安全保障』の概念と主体・組織」『国際安全保障』第40巻第3号（2012年12月）1〜10頁。
*4 田中明彦『ポスト・クライシスの世界』日本経済新聞出版社、2009年、104〜106頁。
*5 江畑謙介「米アフリカ軍（AFRICOM）の創設の背景と問題」『海外事情』第56巻第9号（2008年9月）44〜68頁。AFRICOM の任務の主体は「アドホックな訓練、アドバイス、人道支援計画対応部隊」であるとし、対象国の治安維持や平和維持活動能力の強化を主任務とする点に特徴があることを指摘している。米軍のアフリカにおける能力構築支援の重要性については、2014年の「4年毎の国防計画の見直し」においても改めて指摘がなされている。U.S. Department of Defense, *Quadrennial Defense Review Report*, March 4, 2014, p.19. また、米陸軍の近年の能力構築支援の位置付けについては以下も参照。部谷直亮「米陸軍の A2/AD 対処における戦力体制の方向性を巡る議論と動向」『国際情勢』No.84（2014年2月）135〜153頁。
*6 神保謙「東南アジアへの戦略インフラを安全保障の砦に」『外交』Vol.13（2012年5月）96〜104頁。
*7 例外として以下では、G8における PKO 能力構築支援の試みの分析を行い、防衛省の取り組みも含めて日本が能力構築支援に取り組む意義を考察している。山下光「平和維持活動における能力構築支援：G8 を中心として」『防衛研究所紀要』第14巻第2号（2012年3月）1〜17頁。
*8 「議論なき外国軍支援」『朝日新聞』2012年8月26日。
*9 外務省ウェブサイト「テロ対処能力向上（キャパシティ・ビルディング）支援」
http://www.mofa.go.jp/mofaj/gaiko/terro/kyoryoku_06.html, accessed on February 20, 2013.
*10 外務省はキャパシティ・ビルディング支援という用語を使用するが、本稿では能力構築支援に統一する。

*11 この２つの政策枠組みは、しばしばその連携の必要性が議論されてきた。例えば以下を参照。国際平和協力懇談会編「『国際平和協力懇談会』報告書」（2002年12月18日）；草野厚『日本はなぜ地球の裏側まで援助するのか』朝日新書、2007年；上杉勇司「PKO から ODA へ：平和構築の連続性を考える」『外交』（2012年3月）134～139頁。

*12 例えば、自衛隊海外派遣の主要な根拠法である国際平和協力法（PKO 法）や国際緊急援助隊法は、いずれも紛争災害・自然災害の発生後の事後対処活動を規定している。

*13 前掲注8「議論無き軍支援」参照。なお、2013年には約2億6000万円が予算要求されている。

*14 佐藤昌盛「ポスト冷戦期の安全保障」『安全保障学入門』亜紀書房、2003年、286頁。

*15 玄葉光一郎外務大臣講演「我が国のグローバルな課題への取り組み～「フルキャスト・ディプロマシー」の展開と協力フロンティアの拡大～」（2012年2月28日）。http://www.mofa.go.jp/mofaj/press/enzetsu/24/egnb_0228.html, accessed on September 19, 2013.

*16 同上。

*17 独立行政法人国際協力機構法。JICA の活動目的が「（略）経済及び社会の開発若しくは復興又は経済の安定に寄与することを通じて、国際協力の促進並びに我が国及び国際経済社会の健全な発展に資することを目的とする。」とされた。

*18 神保謙「新しい日本の安全保障」坂本正弘、吹浦忠正編著『新しい日本の安全保障を考える』自由国民社、2004年、76～77頁。

*19 大岩隆明「非伝統的安全保障問題と援助：国際公共財の視点から」『NIRA モノグラフシリーズシリーズ』No.9（2008年3月）1～29頁。なお、国際公共財とは「すべての人々が同時に消費または利用することが可能であり、またそうした行動を排除することは困難であり、その利用と影響の結果が国境を超える財」を指す。

*20 前掲注6、神保「安全保障の砦」。

*21 大野泉「途上国開発をとりまく戦略的環境と日本の開発協力：グローバル・シビリアン・パワーを目指して」『将来の国際情勢と日本の外交（平成 22 年度外務省国際問題調査研究・提言事業報告書）』（2011年3月）71～87頁。

*22 前掲注15「玄葉大臣講演」参照。

*23 Sam Bateman and Anthony Bergin, "Making waves: Australian ocean development assistance", *The Australian Strategic Policy Institute (ASPI) Policy Analysis series*, Canberra, September 18, 2012, p.6.
遠洋パトロール可能な大型の巡視船を防衛協力プログラム（国防予算（国防省））で、沿岸警備等を担う小型の巡視艇を ODA（豪州開発援助庁））で供与することが

提言されている。

＊24 例えば以下を参照。森本敏編『イラク戦争と自衛隊派遣』東洋経済新報社、2004年 ; Lam Peng Er, *Japan's Peace-Building Diplomacy in Asia: Seeking a More Active Political Role*(London and New York: Routledge, 2009).
＊25 柳澤協二、半田滋、屋良朝博『改憲と国防：混迷する安全保障のゆくえ』旬報社、2013年、68～72頁。
＊26 安全保障の定義は一般に、「ある主体が、その主体にとってかけがえのない何らかの価値を、何らかの脅威から、何らかの手段によって、守る」とされる。神谷万丈「安全保障の概念」防衛大学校安全保障学研究会編著『安全保障学入門』亜紀書房、2003年、3頁。
＊27 危機管理や、リスク・マネジメントの定義は様々だが、ここでは、「予想される危機を把握し、それらに対して事前に計画をたてて対処していくこと」としている。
＊28 前掲注8「議論無き軍支援」参照。
＊29 前掲注9「キャパシティ・ビルディング支援」参照。
＊30 外務省ウェブサイト「インドネシアにおける「海賊、海上テロ及び兵器拡散の防止のための巡視船艇建造計画」に対する無償資金協力について」
http://www.mofa.go.jp/mofaj/press/release/18/rls_0615c.html, accessed on November 25, 2012.
＊31 内閣官房長官談話「政府開発援助によるテロ・海賊行為等の取締り・防止のためのインドネシア共和国に対する支援と武器輸出三原則等との関係について」（2006年6月13日）
http://www.kantei.go.jp/jp/tyokan/koizumi/2006/060613danwa.html, accessed on November 25, 2012.
＊32 JICA 技術協力による海洋安全保障分野の人材育成事業や共同訓練が、海上保安庁とも協力して10年以上実施されている。海上保安庁編「フィリピン沿岸警備隊海上保安人材育成に関するプロジェクト」『海上保安レポート2003』
http://www.kaiho.mlit.go.jp/info/books/report2003/chapter04/01_04.html, accessed on March 6, 2013.
＊33 庄司智孝「台頭する中国へのベトナムの対応：南シナ海問題を中心に」『国際安全保障』第39巻第2号（2011年9月）28～41頁。
＊34 外務大臣記者会見（2012年4月27日）
http://www.mofa.go.jp/mofaj/press/kaiken/gaisho/g_1204.html#10-A, accessed on November 25, 2012.
＊35 例えば高木は、「中国台頭への対応」を特集した論文集において、2008年頃を転機に豪州、ベトナム、韓国が中国の台頭に対応して米国との関係強化を進めたことを指摘している。高木誠一郎「序文：中国の台頭と地域ミドルパワー」『国際安全

保障』第39巻第2号（2011年9月）1〜5頁。
* 36 「戦略的ODA 南沙の海保力支援 比などに船艇、中国牽制」『産経新聞』2012年4月29日。
* 37 「（社説）日米防衛協力 このなし崩しは危うい」『朝日新聞』2012年5月2日。
* 38 「日・ASEAN、海洋安保強化」『産経新聞』2011年11月19日。
* 39 安倍総理大臣演説「開かれた、海の恵み―日本外交の新たな5原則―」（2013年1月18日）

http://www.mofa.go.jp/mofaj/press/enzetsu/25/abe_0118j.html, accessed on December 19, 2013.
* 40 防衛省防衛政策局作成「キャパシティ・ビルディング支援の今後の検討の方向性について」（2011年10月）
* 41 防衛省防衛政策局国際政策課作成「平成23年度における能力構築支援事業について」（2011年6月20日）。予算要求段階のものについては以下を参照。防衛省作成「キャパシティ・ビルディング支援事業（「元気な日本特別枠」要望 事業シート 事業番号二五〇八）」（作成日時不明）
* 42 同上。
* 43 同上。
* 44 共に陸上自衛隊OBが主体となって運営するNPO法人である。なお、2011年の調査案件形成に当たっては、防衛省能力構築支援室員が対象NGOへのヒアリングを実施している。
* 45 詳細は以下を参照。本多倫彬「東ティモール支援における日本の全政府アプローチ：「経済成長を通じた問題解決」の結ぶPKOとODA」『法学政治学論究』（2012年12月）199〜230頁。
* 46 同上。
* 47 JMASは地雷処理等、JDRACは自動車整備に取り組んでいるが、いずれもODA供与を受けて続けてきた事業である。
* 48 防衛省も2010年度から、NGOの参加を募集しており、例えば2012年には緊急支援NGOである国際緊急医療・衛生支援機構（東京都）から14名、アムダ（岡山県）から2名が参加した。
* 49 佐々木俊也元海上自衛隊第一輸送隊司令（2010年のパシフィック・パートナーシップ派遣部隊司令官）へのインタビュー。（2012年3月23日）
* 50 ARFは安全保障交流を目的に1994年から設置されており、2008年にHA/DRを分野に加え、2009年に初の実動訓練（第1回災害救援実動演習（ARF-VDR）が実施された。なお、ARFの枠組みには中国も加わってきた経緯があり、例えば1996年にはARFにおける信頼醸成に関する実務レベル会合の共同議長国を中国が務めている。

*51 両者の違いについて、PP は防衛省、ARF は外務省という担当省の相違も存在する。
 *52 具体的には「施設、軍事医療、地雷処理等分野を想定」とされている。防衛省作成「平成24年度能力構築支援事業の具体的な候補国等について」(2012年2月)。
 *53 防衛省作成「平成23年度委託事業「東南アジアにおける海上安全保障を中心とした非伝統的安全保障分野に係る能力構築支援」に関する調査研究　企画書提出要領」(2011年8月30日)
 *54 2012年は、インドネシア、ベトナム、モンゴルでのセミナー3件開催、ベトナムからの研修員招聘1件を実施。2013年は、インドネシア、ベトナム、モンゴルでのセミナー5件開催、ベトナム、モンゴルからの研修員招聘2件を実施している。
 *55 インドネシアでは「気象海洋業務」を、ベトナムでは「海上医療」をテーマに自衛官3名、防衛省内局局員1名（能力構築支援室室長）が参加している。防衛省ウェブサイト「インドネシアにおける能力構築支援事業」
 http://www.mod.go.jp/j/approach/exchange/cap_build/indonesia/index.html;同「ベトナムにおける能力構築支援事業」
 http://www.mod.go.jp/j/approach/exchange/cap_build/vietnam/index.html, accessed on March 10, 2013.
 *56 2つの能力構築支援と他の政策手段との差異と関係を明確にするため、単純化している。
 *57 OECD/DAC, *Is it ODA?*, November 2008
 http://www.oecd.org/investment/stats/34086975.pdf, accessed on November 25, 2012.
 *58 草野『地球の裏側』31頁。
 *59 外務省編『開かれた国益の増進:世界の人々とともに生き、平和と繁栄をつくる』(2010年6月)
 *60 ただし、供与する巡視艇は小型かつ供与段階では直接に銃火器類を搭載するものではなく、地域の安全保障バランスに直接の変化を与えるほどの存在にはなりえない。中国への政治的メッセージの意味合いの方が強いと思われることは付記しておきたい。
 *61 DAC 事務局は、加盟国の ODA については申請ベースでの処理を行うため、巡視艇の供与などでも「開発」目的として申請された場合、統計上は ODA となるのが基本とされる。DAC 事務局職員へのインタビュー（2012年9月16日）
 *62 藤重博美「治安部門改革（SSR）における諸アクターの活動」『平和構築における諸アクター間の調整（平成18年度外務省委託研究報告書）』国際問題研究所、2007年。
 *63 下平拓哉「南シナ海における日本の新たな戦略— ARF 災害実動演習を通じた信

頼醸成アプローチ」『戦略研究』第11号（2012年4月）41～58頁；相川舞子「アジア太平洋地域における安全保障体制（ARF）形成過程の考察：既存の安全保障概念を越えて」『国際関係学研究』第22号（2009年2月）81～103頁。

＊64 例えば、以下を参照。添谷芳秀「日本のアジア太平洋外交：グローバリズムと地域主義の交錯」添谷芳秀、赤木完爾編『冷戦後の国際政治実証・政策・理論』慶應義塾大学出版会、1998年。

＊65 田中『ポスト・クライシス』104～106頁；下平「日本の戦略」。

＊66 荒木光弥「新しい援助の潮流：Beyond Aid「援助を超えて」」『国際開発ジャーナル』第661号（2011年12月）6～7頁。

＊67 例えば神保は、「総合的なインフラ資源の整備」と呼称し、ハードインフラに加えて人材及び運用組織の育成の必要性を提言している。前掲注6、神保「安全保障の砦」100頁。

＊68 内閣府による世論調査では、国際平和協力について、これまでの活動の維持を望むものが約6割、これまで以上を求めるものが約3割となっている。（「これまで以上に積極的に取り組むべきである」28.1％、「現状の取り組みを維持すべきである」61.3％、「これまでの取り組みから縮小すべきである」：8％、「取り組むべきでない」0.9％）内閣府大臣官房政府広報室編「自衛隊・防衛問題に関する世論調査（平成24年1月調査）報告書」

http://www8.cao.go.jp/survey/h23/h23-bouei/2-4.html, accessed on June 14, 2014.

＊69 例えば、「ODA見える化サイト」が代表的である。

http://www.jica.go.jp/oda/index.html, accessed on June 14, 2014.

＊70 海上保安庁職員へのインタビュー（2012年12月7日）。

＊71 こうした議論については、例えば以下を参照。木上英輔「「紛争分析ツール」の可能性：国際平和協力活動とODAを効果的に連携させるために（2・1）」『陸戦研究』平成22年11月号（2010年11月）25～50頁；「同（2・完）」『陸戦研究』平成22年12月号（2010年12月）25～50頁。

論文

オペレーションと製品の環境配慮
―― 持続可能成長戦略による変革 ――

鵜殿 倫朗

はじめに

　企業の経営は、社会的要請（伊吹、2005）という新たな圧力に晒されている。これまで、企業（第一者）は、顧客や消費者（第二者）からの経済的要請に対応することのみが主に求められた。しかし、企業の影響力の増大や社会の意識・構造の変化により、企業は共存する第三者との調和も重んじなければならなくなったと言える。この経営の社会性という側面は、たとえば「持続可能性（sustainability）」、すなわち企業だけでなく、その立地の社会や環境との共存共栄を図るというコンセプトの下で、企業の変革の新たな動機になっている。

　実際の環境配慮は、環境マネジメントという手法により、企業の環境側面（環境との接点）を方針に沿って組織的に管理することで達成される。その際の環境側面にはオペレーションに関する部分と製品・サービス（以下、単に製品と表記する）に関する部分がある（山口、2006）。オペレーションの環境配慮と製品の環境配慮は、互いに独立した部分もあるものの、一方で相互に依存している面もある。たとえば、オペレーションの環境配慮は多くの企業で実施されており、そのうちのいくつかの企業が製品の環境配慮へと移行するというような順序を取ることがある。このときの戦略の変遷は、経路依存性（path dependence）と呼ばれる（Hart, 1995）。持続可能性に向けて変革を進めるにしても、検討範囲はまずは狭い方がよいし、画期的な環境配慮製品を開発しないことよりも、自社内の環境汚染・環境負荷の放置の方が高リスクになるため、そのような順序になる。

　ただし、オペレーションの環境配慮を実施する段階から製品の環境配慮段階へと移行する変革のプロセスが、中断してしまうことが考えられる。後に

見るように、オペレーションの環境配慮は組織の力を使い、環境配慮と業務効率の改善を行う。しかし、製品に関する事柄は経営者らを中心とした戦略策定者との関わりが強く、経営者の戦略に関する考え方次第では、製品の環境配慮を実施する戦略は、主に外部コンテクストの顧客や消費者から予想される反応に基づくものになる。すると、オペレーションの環境配慮で機能した組織の創造的な能力を活かし、環境配慮製品の開発を行うことができなくなる恐れがある。このような現場組織と経営者との間の軋轢がある場合、より高次の持続可能性は追求しにくくなる。

外部コンテクストの変化を確実に把握して、的確な戦略を立案して実行できる経営者を変革型経営者と言う（金井、1999）。変革型経営者がオペレーションの業務効率性だけでなく、製品の環境配慮性にも目を向けるためには、オペレーションの環境配慮と製品の環境配慮の先にあるビジョンとの関係（埋め込み性；embeddedness）に着目しなければならない（Hart, 1995）。ただし、それにはその企業の変革型経営者が、ビジョンを偏狭な合理性に対して先行させる性質を持たなければならない。社会性や共存共栄といった長期的なスパンでものを見ることと短期的に見ることの間には、相反が存在するからである。

そこで、本研究ではビジョンを先行させる変革型経営者の性質が、オペレーションの効率性に基づく環境配慮のみならず、製品開発も巻き込んだ環境配慮にもつながることを示す。そのため、変革型経営者の意思決定パターンに関して、「企業原イメージ（PIF; Proto-Image of the Firm）型」と「利益算術（PA; Profit-Arithmetic）型」という2つのタイプからなる認識モデルを用いる。本研究の構成は、以下のようになる。まず、Iにおいて、オペレーションの環境配慮から確度の高い両立性を得られることや、仕組み上では製品の環境配慮との連携が進んでいることを示す。IIにおいて、オペレーションの環境配慮から製品の環境配慮へと移行できない原因を明らかにし、上記の埋め込み性の必要性についてまとめる。IIIではビジョンを先行させる変革型経営者の性質と逆の性質を持つ変革型経営者の性質を比較し、リーダーシップとマネジメントの関係から起こる帰結について述べる。IVで全体をまとめる。

I 業務効率性とシステム管理

1．品質マネジメントとの関連

　企業は品質マネジメントを活用し、内部コンテクストの変革を主に検討することで、経営と環境の両立という難しい課題に答えを出すことができる。まずは、そのメカニズムを下記のように説明する。品質・コスト・納期（QCD）のうち、伝統的な経営学のパラダイムでは、高い品質は高いコストや遅い納期を伴うものと考えられている。これは高い品質を実現するための経営資源・企業努力を考慮したものである。しかしながら、実務上、あるいは戦略上の観点から、ある一定の品質水準までは高い品質と低いコストが両立することが知られている。

　品質は、経営的課題であると同時に、企業の社会的責任（CSR; Corporate Social Responsibility）における対応事項の一つでもある。工場による大量生産が主体の企業の場合、同じ一つの製品であっても非常に多くの消費者・顧客に供給される。たとえば食料品を扱う場合、衛生管理を怠れば、該当する製品市場において即座に健康被害が発生する。大型機械、たとえば車に取り付ける精密機器などに関しても、同様に大きな問題が発生するリスクがある。

　それでは、品質とは何を指すのか。国際標準化機構（ISO; International Organization for Standardization）によると、品質とは「本来備わっている特性の集まりが、要求事項を満たす程度」（日本規格協会、2006）と説明されている*1。完成され、出荷・提供された時点における製品（サービス）の状態が問題であり、その完成度は要求されていると考えることができる。ただし、その要求事項は企業の設計・宣伝・商品説明とセットである。品質に問題のある場合に重要なキーワードとして、「不良品」と「クレーム」がある。

　不良品は、精密機器のように製品の規格が明確に定まっている場合には、比較的簡単に適合・不適合の観点から区別することができる。たとえば、カメラで使う写真フィルムに「ISO 100」と記載されていた場合、その製品は予め決められた一定の感度を要求される。この不適合を放置して供給した場合、それは消費者・顧客からクレームという形になって返ってくることがある。つまり、クレームは外部ステークホルダーによる社会的責任の事後的要請の一つである。

明らかな不適合からのクレームを放置することは、不買を促進し競合他社にシェアを許すことになる。そのため、企業は不良品を検品の上出荷せず、不足数については追加の生産を余儀なくされる。また、発見された不良品は廃棄プロセスにかけることでコストが嵩み、廃棄物を増大させる。すると、相対的な遅れとコスト増が、品質の不足によってもたらされることになる。「品質優先」とは、単に理念的なものではなく、品質第一・お客様優先で製品を製造・販売することで、QCD の各結果系の要素を全て満たそうとする取り組みでもある（QC サークル本部、1997）。

　同様に、品質とは異なる CSR 事項である環境配慮も、それと近い目標やコンセプトによって解消される。企業が顧客や消費者のみならず、共存する社会全体を考えた場合、環境配慮も達成されるべき結果系の要素になる（つまり、QCDE）。そして、品質における不良品やクレームと同様に、不適切な生産や製品に対して非難が集中することがある（環境リスク）。つまり、環境負荷を残し、環境汚染を放置することは、やはりコスト増や納期の遅れにつながることが考えられるのである（Porter and van der Linde, 1995）。

　高品質な製品や環境配慮製品を提供することと、低コストで製品を提供することはどちらも戦略の土台として非常に重要である。たとえば、日本企業は上で述べた品質優先により、製品の品質を工程で作り込むプロセスを進化させたため、製品の品質が差別化に、作り込まれたプロセスが低コストにつながったことから、戦後当時、例外的に 2 つの競争優位を同時に獲得した（Porter et al., 2000）。通常、差別化と低コストの 2 つの競争優位を獲得することは、トレード・オフの関係にあるために不可能であると考えられていた*2。これと同様に環境配慮の場合においても、汚染を非効率の兆候として見ることで、業務効率化による効率性と差別化の確保の双方につなげることができる。

　つまり、オペレーションの環境配慮と低コストは両立しやすいということであり、多くの企業が製品の環境配慮ではなくオペレーションの環境配慮を優先する一つの動機となる。企業は持続可能性を標榜し、変革を進めるとしても、成果の確実性も重んじると思われる。外部コンテクスト全体を隅々まで検討するよりも、企業の内部コンテクストに着目することの方が、より明確な因果関係の下で確実に総合的なパフォーマンスを高められると思われる。そして、製品開発を検討することよりも、コスト体系、技術・スキル、マネジメント手法、そして投入資源に関して、ベストプラクティスの導入や継続

的改善によって最適化することの方が、すべての企業が望むような両立性が得やすい。

2．製品の環境配慮への内部経路

上記のように、品質マネジメントの結果と環境マネジメントで求められる結果の間には多くの重複がある。そのため、品質マネジメントと環境マネジメントの管理システムも、統合的で相互に関連しやすい手法が開発されている。環境マネジメントが、製品との関連が深い品質マネジメントとの連携を深めることで、仕組み上は製品の環境配慮への移行は容易になってきている。品質課題と環境課題に対するシステムは、それぞれ品質マネジメントシステム（QMS; Quality Management System）、および環境マネジメントシステム（EMS; Environmental Management System）と呼ばれ、ISOによって第三者認証付きとなった管理規格が多くの企業によって利用されている。

両者の連携までの歴史的流れは、以下のようになる。元々、日本企業の品質マネジメントは、全社的にトップから仕事のプロセスに関する伝令を下すことで推し進められるというよりは、小規模の追加業務から暗黙知的な現場教育やコミュニケーションを実施することで深められるものであった。戦後復興の後、1962年に『QCサークル』誌が創刊されると、日本の企業はこれを参考に各種品質への対応を末端の組織から行い始めた（QCサークル本部、1997）。その後、製品の品質が戦略的に重要性を増すにつれ、徐々に全社的な取り組みへと変容していった（牧・鵐原、2009）。そのような全社的取り組みは、総合的品質経営（TQM; Total Quality Management）と呼ばれる。

前述のように、企業における環境配慮の重要性（持続可能性の重要性ではなく）が増してくると、**TQM**の派生スタイルとして総合的環境品質経営（**TQEM**; Total Quality Environmental Management）という管理手法が登場する。このような管理システムは、日常管理と方針管理の２つのプロセスによって制御される（市川、2013）。日常管理ではSDCA（Standard・Do・Check・Action）サイクルを回して現状維持を目指し、方針管理ではPDCA（Plan・Do・Check・Action）サイクルを回して現状打破を目指す。日常管理は、品質・コスト・量または納期・安全・士気・環境のような管理特性（項目）について一定の水準を保っているかを判断する。対して、方針管理とは市場・社会・業界動向などの外部コンテクストと経営者の経営理念に基づいて、その目標値に近づけていく取り組みである。

このような品質マネジメントのシステム的取り組みは、ISO 9001のような第三者認証規格によってフォーマルな仕組み（QMS）と客観性を与えられる。そして、TQEMにフォーマルな仕組み等を与えるものが、EMSである（池田、1996）。このようなフォーマルな仕組みを与えられたシステム同士は、統合することが容易である。実際、両者の第三者認証規格であるISO 9001とISO 14001を統合する例や、審査時に組み合わせて審査する例などがあり、2つのPDCAのフレームワークに対して、相互に整合性を図ることができるようになっている（牧・鳰原、2009）。言わばEMSなどを、QMSをベースにした全般的経営の規格、Generic Management System（GMS）へのモジュールとして捉える動きがあったと言える（池田、1996）。

オペレーションの環境配慮は業務効率化の中で両立性を達成する可能性が高いことを述べたが、上記の仕組みの連携を活用すれば、本来多くの企業がそこから製品の環境配慮へと移行し続けていくと思われる。しかし、多くの企業にとって環境マネジメントはそのような戦略的試み（戦略的環境マネジメント）として推進されていない。以下では、その理由を考察していく。

II 持続可能成長戦略による変革

1．Porterの戦略観（資源生産性）

経営と環境の両者には、win-winの関係にあるとするwin-win仮説とトレード・オフの関係にあるとするtrade off仮説がある（池田、1996; HBR, 2011）。品質とコスト・納期が両立不可能と考えられていたように、経営と環境もまた初期には両立不可能であるとするtrade off仮説のみであった。しかし、不良品を不可避の副産物ではなく、製品やプロセス設計における非効率の兆候として見ることでこれを解消し、総合的な改善を達成することができたのは上記のとおりである。同様に、廃棄物や排出物などの環境汚染物質もまた不可避の副産物ではなく、解消することで資源生産性（resource productivity）*3を上げることができる。

経営と環境の関係性については、ポーターによる、環境規制がコストではなく逆に利益をもたらすという主張から大きな議論になった。このwin-win戦略に対しての反論は、なぜ、環境規制が課されるまで企業が非最適な運営を実施しているのかが説明できないというものであった。この問題は、結局時間という軸の問題であり、企業は利益目的を掲げたまま、資源の利用効率

や人的資源の用い方を変えて新たな最適運営を目指すものであるとわかった。その際に生み出された新しい技術や知識が、逆に企業に競争優位をもたらしうるのである。これまでの例で考えれば、特定の廃棄物や排出物に規制がかけられると、資源効率の高い革新的な技術が開発されたり、不良品を減らしたりすることでこれらの環境汚染を和らげ、同時に資源の利用効率を上げることが可能になる。その場合、開発や改善の移行期間を企業に十分与えることが必要になる。

　ただし、オペレーションの環境配慮は、外部コンテクストと直接関係のない議論に絞ることができた。オペレーションの環境配慮は、基本的にどのような企業でも実行することができ、品質マネジメントと同様に利益目的でその成果を追求することができる。そのため、環境規制に一律に対応する方針管理の中で、企業の日常管理のサイクルを用いた調整と改善によって、常時win-winの関係のまま解消される可能性が大きい。また、経営トップは当たり障りのない環境ビジョンを掲げればよく、環境マネジメントに関して戦略的な決断をする必要性も低い。このようなオペレーション効率を改善することによる環境配慮は、一般に業務効果と同様に他社の模倣からベストプラクティスを取り入れることでも達成される。

　一方で、単純にオペレーションの環境配慮から製品の環境配慮へと移行する戦略を考えることは、経営者の立場からすると難しい。たとえば、低コスト戦略を取ってきた企業（農家）の農薬を考えてみよう。農薬は農産物の品質を高めるため、多くの品質マネジメント体系の中で使用されることになるが、多くの場合土壌の環境汚染につながる。しかしながら、社会的要請である環境問題のために、その製品（農産物）の低コスト戦略という方針を切り替えることは難しい。つまり、製品の環境配慮は業務効果の範囲を超え、リスクテークする必要がある。たとえば、有機農法による無農薬農産物といった製品開発が絡んでくることになるが、これは短期的にはコスト増につながる。そのため、真に持続可能性を追求するためには、長期の時間も考慮しなければならない。

　まとめると、オペレーション効率を向上させることによる環境配慮戦略は、それを指示する上で、コスト増への対応や決断が不要だが、製品開発が絡む環境配慮では短期的なコスト増の圧力がかかる上に長期的な戦略的決断が必要になるのである。このような外部コンテクストへの対応や長期的視野を要する決断に対する忌諱は、全員ではないにしても、一定割合の変革型経営者

にも存在すると思われる。そして、このことがその企業の持続可能性のパフォーマンスを半減させる可能性がある。

2．持続可能成長戦略と埋め込み性

オペレーションの環境配慮と製品の環境配慮との関係性の議論は、Hart（ハート）の埋め込み性によってさらに深めることができる（Hart, 1995）。ハートの「Natural-RBV ＊4（環境配慮資源ベース観）」は、「汚染予防戦略（pollution prevention strategy）」・「製品受託責任戦略（product stewardship strategy）」・「持続可能成長戦略（sustainable development strategy）」の3つの段階からなる。この研究によると、企業の環境マネジメントは RBV 学派の戦略論に基づいて「実施のしやすさ」が変わり、さらにその資源・能力が「模倣困難」であることから、企業は戦略的環境マネジメントから競争優位性を獲得することが可能であるとされる。

ハートの戦略の一つである汚染予防戦略は、品質マネジメントの TQM に関する組織能力（organizational capability）を既に構築している企業は、他企業が模倣できない方法でオペレーションの環境マネジメントを実施し、競争優位を得るというものである。その際に、汚染（pollution）を事後的に制御（control）するのではなく、事前に予防（prevention）する。このようなプロセスの再構築を容易にさせる組織能力によって、低コストと環境配慮を、独自性を持って同時追求するというものである。前者は非生産的な制御装置が不可欠だが、後者はそれを回避することができる。

汚染予防戦略がオペレーションの環境配慮であるのに対して、製品受託責任戦略は、製品の環境配慮を論じている。ハートは、オペレーションの環境配慮から製品の環境配慮への移行を、汚染予防戦略から製品受託責任戦略への移行として明示的に示している。ハートによれば、製品の環境配慮には部門や企業間の連携を促進するような組織横断に関する組織能力が活用されるとしている。環境配慮製品がどの程度収益につながるかについては厳密には想定していないが、優秀なリサイクル事業者の取り込みなどによって（長期的には）競争力を持ちうるとしている。

持続可能成長戦略は、資源というよりもビジョンに注目した戦略として定義されている。オペレーションの環境配慮と製品の環境配慮を駆使して、社会との調和を達成して持続可能性を追求するには、長期的なスパンで戦略的決断を行う必要がある。それは、明確な計画というよりもビジョンとして示

図1 環境配慮資源ベース戦略の構成

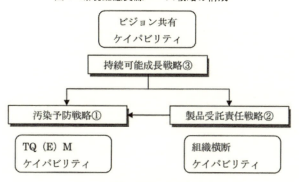

Hart(1995)の図3を基に作成

される。組織能力をさらに発展させるためのビジョンは、組織に浸透しなければならない。そのため、共有ビジョンを容易に構築できること自体が、資源蓄積やケイパビリティ構築の形で企業に競争優位をもたらすとされる。

図1のように、それぞれの段階で異なる資源・組織能力を必要とする。たとえば、汚染予防戦略にはTQ（E）Mに関するケイパビリティが、製品受託責任戦略には組織横断を可能にするケイパビリティが、持続可能成長戦略にはビジョンの共有を可能にするケイパビリティがそれぞれ必要になると整理できる。さらに重要なのが、これらの戦略間における相互関連性（interconnectedness）である。ハートによれば、この相互関連性は経路依存性と埋め込み性からなる。

ハートの一つの主張は、RBVに基づくこれらの戦略が、汚染予防戦略から製品受託責任戦略を経て持続可能成長戦略へと変化していくというものであった（経路依存性；図1の番号参照）。ただし、何がそのような変化を引き起こすのかについては必ずしも明らかになってはいない。経路依存性に従うならば、持続可能性を追求するためにオペレーションの環境配慮から製品の環境配慮へと移行しなければならない。しかしながら、これまでの本研究での議論展開から見ると、そこには一定の困難が存在する可能性がある。

オペレーションの環境配慮である汚染予防戦略が組織として実行されていたとしても、その戦略を変更しなければならないのは経営者である。そこでは、経営者は外部コンテクストと内部コンテクストをバランスよく取り入れた視点から、戦略を変更するかもしれない。たとえば、「デザイン・スクール」（Mintzberg et al., 1998）のように、現実に経営を行う企業の経営者は、

大きな戦略の変更に際して多様な戦略論学派に依拠しうる。すると、経営者の中には外部コンテクストの条件と折り合いがつかないと考え、その企業がオペレーションの環境配慮から製品の環境配慮へと移行できないケースが出てくると考えられる。ハートの戦略はすべて基本的に内部コンテクストに基づいて定義されているが、経営者が外部コンテクストと向き合うとき、戦略の転換には困難があるはずなのである。

　ハートの埋め込み性は、この点に解決の方法を与えているように思われる。図1の矢印が示すように、持続可能成長戦略によるビジョン共有は、その他の汚染予防戦略と製品受託責任戦略の資源・組織能力の基盤を強化する。つまり、持続可能性に関するビジョンが、製品受託責任戦略の基盤を強化し、汚染予防戦略からの移行を容易にする可能性がある。これは、オペレーションの環境配慮から製品の環境配慮への移行を容易にするということである。これにより、外部コンテクストに強い阻害要因（環境配慮製品開発の短期的なコスト増が大きな需要減を生むなど）の脅威を、強いビジョンによって組織の意識面で中和し、最終的に他社より早い持続可能性へと到達させる可能性がある。そのようにして製品の環境配慮に移行した企業は、さらにオペレーションの環境配慮の基盤をも強化する。

III　変革型経営者の変革のパターン

1．変革型経営者の意思決定パターン

　製品開発を活用した環境配慮の場合、内向きの変革では不足である。そのため、経営者は、企業内部の組織が持つ創造性を消さずに、外部コンテクストがもたらす市場機会を捉える必要がある。このとき製品の環境配慮は、経営者の決断次第で企業の環境問題に可能な限り踏み込むことができる。一方で、社会的要請である環境問題への対応が、必ず収益性に結び付くとまでは言えない以上、収益性の観点からはリスクの大きい経営判断を迫られるということになる。また、環境配慮は顧客・消費者以外の第三者に対する便益でもあるため、一般的な機会や脅威の分析と比べて製品の環境配慮が収益に結び付くことを証明する分析はさらに困難であると思われる。その判断は、不確実性に対してどの程度強いビジョンを持ち得るかというバランスにかかっている。それは、長期的に優位性を獲得していこうとする試みである。

　経営者にとって、その難しさは、戦略策定者として外部コンテクストの非

常に広い範囲を知る必要があるという点にある。一般に企業内の従業員の状況を把握する方が、外部コンテクストの顧客や消費者の好みを正確に把握するよりも易しいと思われる。製品の環境配慮はそれに加え、企業(第一者)や顧客・消費者(第二者)以外の主体であるその他のステークホルダー(第三者)へのインパクトを一部勘案しなければならない。たとえば、環境のよい社会を創ることが、自企業にとってもどのような影響をもたらすかということを考えなければならない(Porter and Kramer, 2006)。また、該当の環境配慮製品に関する優位性を確保するため、相当長期的な視点で考える必要がある。たとえば、自動車業界の変革型経営者で言えば、ハイブリッド自動車だけでなく電気自動車をどのように考えていくかも課題になる。短期的にはむしろコスト要因になる可能性が高い思考であり、短期的な利益のみを目的とした場合には推進は難しいと思われる。現行の利益とのトレード・オフの問題もあり、最も大きい権限と責任を持つ経営者の意思決定の役割が大きい。

　上記の疑問点を議論するために、変革型経営者の意思決定スタイルのモデルを特定する。ここでは、加瀬ら(Kase et al., 2005)の「企業原イメージ(PIF; Proto Image of the Firm)型」と「利益算術(PA; Profit Arithmetic)型」の分類を用いて、変革型経営者の意思決定スタイルを考える。この分類方法は、加瀬らが日本企業の著名な経営者を参考に、その変革のアプローチ方法を2つのタイプに分けたものである。

　PIF型の意思決定は企業イメージを参考にするものであり、また企業イメージを用いて組織に働きかけるものである。企業には設立当初のイメージや創立者の持っていたイメージが色濃く残ることがあり、これを企業の原イメージと呼ぶ。ただし、原イメージの捉え方はその時々の経営者により調整され、主に企業文化を通して経営者と従業員の対話を成立させる。経営者による中長期的な意思決定を可能にするため、新製品や新しい経営能力、広域での改善につながりやすい。また、多くの情報からイメージを形成することによる意思決定であるため、その内容が具体的ではない半面、不確実性を伴う市場環境・社会環境においても長期的なビジョンを変わりなく持ち続けることができる。このような特性を持つ経営者は、経営者自身の信念の特性を強く出しており、価値観で継承され、組織も独自の文化を築きやすい。

　PA型の意思決定は収益のレバー(利益を生み出す可能性)に関する知識を参考にするものであり、財務的規律を重視することや分析により、合理的

に組織を管理する。オペレーション志向であるため、新製品や新規の組織能力構築などには踏み込まず、既存のポートフォリオの改善を好む。また、不確実性によって市場環境・社会環境についての分析が曖昧になる場合には、短期的成果を重視する。このような特性を持つ経営者は、その手法に関して一般的なアプローチを取ることが多く、情報伝達に関して企業イメージや信念の共有を必要とせず、具体的な指令を下す。同様の水準の手腕によって継承され、企業文化の形成には関知しない。

このモデルは、完全にどちらかの特性のみを持つ変革型経営者がいるということではなく、少なくともどの程度ビジョンを具体的な分析結果や客観的な合理性、短期的な利益に優先させるかの程度が、多くの変革型経営者の間でばらつくことを教える。どちらのタイプの経営者であっても、変革型の意思決定をするためには傍流での経験から何かを得て、危機的状況を機会に変える力を積むことが要求される。また、PIF型の経営者の部下にPA型の部下が配置されることはあるが、その逆はない。部下が上司よりも長期的視点を持つことが難しいためである。

2. 変革のスタイル

変革型経営者の意思決定パターンは、変革のあり方を変える。まず確認しておきたいのは、PIF型の変革型経営者が持続可能性というコンセプトを含んだビジョンを持ちうるということである。そしてPIF型の変革型経営者は、ビジョンを用いて従業員や組織に接する。そのため、持続可能性をビジョンに持つPIF型の変革型経営者は、持続可能性に関するビジョン共有を可能にする。よって、このPIF型の変革型経営者は、持続可能成長戦略を実行できる。そして、ビジョンやイメージを持たないPA型の変革型経営者は、持続可能成長戦略を実行できないということになる（図2参照）。

以下、順に見ていく。PA型の変革型経営者は、オペレーションの環境配慮を実行できる。それは、元々PA型の変革型経営者はオペレーション志向の変革を好むからである。同時にオペレーションの業務効率化を図ることで、環境リスクを削減し、差別化（利益）と低コストを同時に達成しようというコンセプトはこのタイプの変革型経営者にとって非常に有効なものに映るはずである。ただし、この変革型経営者の下では製品の環境配慮へと段階を進めることは、難しい。

PA型の変革型経営者の下では、環境に配慮し、社会や環境との共存共栄

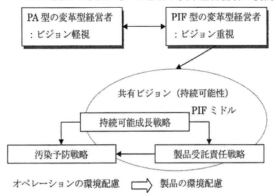

図2 製品の環境配慮への移行と変革型経営者の役割

を図るための方策を、分析や計算によって利益が出せると確信できるまで検討しなければならないだろう。そのような計画を立てることは不可能ではないかもしれないが（Porter and Kramer, 2006）、普通それは非常にスケールの大きいプロセスに相当する議論になるはずである（単純に、表面的なCSRランキングを変動させるというようなものを除く）。そのため、持続可能性という面では中途半端な成果に終わる。ただし、不確実性を相手にしないこと自体は堅実であるとも言える。

　このPA型の変革型経営者は、主にオペレーションの業務効率化を常に推し進め、オペレーションの環境配慮に関してよいパフォーマンスをもたらす。ただし、製品の環境配慮への移行は、外部コンテクストの影響次第である。業界内に新しいベストプラクティスが生まれた場合には、迅速にそれをオペレーションに取り入れる。同様に、製品開発に関しても、定番の環境配慮製品のようなものが出てくることで対応できる。この変革型経営者はビジョンによって、オペレーションの環境配慮と製品の環境配慮の双方に資するような資源蓄積やケイパビリティ構築を果たせないため、外部コンテクストの機運が悪い中、自ら持続可能性の機会を手繰り寄せることはできないと考えられる。

　PIF型の変革型経営者は、逆に製品の環境配慮を実行できる。むしろ、持続可能性をビジョンに掲げ、その共有によって組織をまとめるのであれば、環境配慮性や社会性の高い技術は必ず他企業よりも深めなければならない。ビジョンが分析や合理性、短期的収益性などよりも優先されるので、その企業の目的は他企業では実現することのない社会や環境との共存共栄のライフ

スタイルを提案するような成果を上げることで達成される。また、その機運を作ることで企業文化を形成し、組織の従業員との対話を図る。

そのため、PIF 型の変革型経営者の下では、持続可能性は最大限追求される。つまり、オペレーションの環境配慮と製品の環境配慮の双方が実行され、また促進される。その企業がオペレーションの環境配慮の段階に留まっていたとしても、製品の環境配慮の段階へと移行することは比較的容易である。なぜなら、外部コンテクストの事情がそれを許さなくても、その企業には持続可能成長戦略が実行可能であるため、組織の中で共有ビジョンによる資源蓄積・ケイパビリティ構築が継続される。時間をかけ、その企業の内部コンテクストに製品受託責任戦略を十分に実行可能なだけの組織能力が形成されれば、機を見てオペレーションの環境配慮（汚染予防戦略）の段階から移行することができる*5。

持続可能成長戦略や持続可能性に関するビジョン共有が存在することは、汚染予防戦略にとっても製品受託責任戦略にとっても実行の助けになる。すなわち、TQ（E）M に関するケイパビリティや組織横断に関するケイパビリティが構築・強化されるからである。そして、製品受託責任戦略による製品の環境配慮からの影響が、汚染予防戦略によるオペレーションの環境配慮に伝わり、こちらも強化する（図1参照）。このとき活躍するのは、経営者だけではないだろう。持続可能性ビジョンを持つ PIF 型の変革型経営者の下では、ビジョンを共有し、戦略的意識を持ったミドルが TQ（E）M や組織横断を活発に機能させ、関連するケイパビリティを構築するのに貢献する。トップ・マネジメントと組織がビジョンを共有することで、その戦略的意図を受けたミドル・マネジメントの主体的協力が得られ、変革を後押しする（十川、2002）。

したがって、以下の命題が提示される。

命題1：持続可能性ビジョンを持つ PIF 型の変革型経営者の下で、持続可能成長戦略が実行されると、その内部コンテクストでは共有ビジョンを持つミドルによって、組織横断に関する資源蓄積・ケイパビリティ構築が図られ、オペレーションの環境配慮段階の企業は製品の環境配慮段階へと移行しやすくなる

命題2：持続可能性ビジョンを持てない PA 型の変革型経営者の下では、

企業はオペレーションの環境配慮段階に留まる

　繰り返しになるが、持続可能性の追求のためにはオペレーションの環境配慮と製品の環境配慮の双方が必要である。PA 型の変革型経営者の下では、部下も短期的思考を強いられるので、変革型ミドルがいたとしても上記の結論に変わりはないと思われる。ただし、オペレーションの環境配慮はオペレーションの業務効率化によって達成されるので、変革型経営者のタイプに影響されることは少ない。問題は製品の環境配慮を実行するに当たり、確実性の低い外部コンテクストの条件や見通しの悪い長期のプランをビジョンでどのように補うかである。

　また、PIF 型の変革型経営者は内部コンテクストのケイパビリティ構築を活発化させるが、その過程で汚染予防戦略に対しても間接的な影響を与える。このことは、オペレーションの環境配慮が企業内部の資源やケイパビリティに基づいて行われやすくなることを示している。それは、オペレーションの環境配慮が競争優位につながりやすくなるということである。

　ISO14001 が企業の競争優位に貢献するかどうかは、TQEM のケイパビリティが戦略的環境マネジメントの方針管理によって強化されるかどうかに依存していると思われる。そして、このことは環境パフォーマンスの向上にも寄与する（鵜殿、2013）。PIF 型の変革型経営者はビジョンという非常に長い競争優位の構築意図を持ち、さらにその共有により、PIF 型の変革型ミドルも誕生させる可能性がある。そのような内部コンテクストの主体がどのような働きをするのかについては、以降の研究課題になると思われる。

まとめ

　Porter and Kramer（2006）が述べるように、企業の活動は事業を成立させている社会や環境からの影響を受けている。今後はそのような社会性や環境配慮性といった要素との調和を果たすことが、企業の競争力につながってくると思われる。その際に重要なコンセプトが持続可能性であり、主に経営と環境の win-win の継続を重要視する。

　実際、従来の品質マネジメントの課題である業務効率化によってオペレーションの効率性が向上すると、企業の環境配慮性も達成されることがある。これは低コストと差別化の両立に当たり、多くの企業が環境マネジメントに

関して最優先で取り組むと思われる。しかしながら、環境マネジメントは、オペレーションの環境配慮と製品の環境配慮を組み合わせてはじめて、持続可能性へと続く活動になる。品質マネジメントとの組み合わせにより、環境マネジメントを製品の環境配慮へと移行する仕組み上の準備を整えることは、比較的容易である。

　しかしながら、オペレーションの環境配慮と異なり、製品の環境配慮は環境配慮製品の開発という短期的なコスト増を受け入れなければならない。これ自体は通常の開発の課題と変わらないが、それによって社会や環境との共存共栄を図るという長期的な競争優位の構想を持つことは、すべての変革型経営者にできることではない（そもそも性質が異なる）。このような視点でものを見ることは、経営者に非常に広域に渡る分析か意思決定を強いることになる。

　問題点は、オペレーションの環境配慮から環境マネジメントが開始されることが多いにもかかわらず、外部コンテクストに関する共通の課題から、製品の環境配慮へと移行できない企業が想定されることである。そのようなオペレーションの環境配慮から製品の環境配慮への経路依存性は、ビジョン共有を用いた持続可能成長戦略の実行によって異なる様相を見せる。企業には内部コンテクストに資源や組織能力が存在する。環境配慮に関する TQ（E）M や組織横断に関するケイパビリティを、持続可能性のビジョンによって強化することができる。つまり、持続可能性ビジョンを有することにより、オペレーションの環境配慮から製品の環境配慮への移行が可能になるメカニズムが存在する。

　社会や環境まで含めたコンテクスト全体を把握して戦略を策定することは、普通困難である。にもかかわらず、経営者は変革のために不十分な情報の中で戦略策定を実行しなければならないこともある。その際の認識のパターンには、多様性がある。ビジョンやコンセプト、あるいはイメージのような概念を構築し、それに基づいて経営することは、スタイルとしては客観的分析や具体的合理的選択、短期的収益性に基づく経営とは明らかに異なる。前者は、後者と異なり、ビジョンを不十分な合理性に対して優先していると言える。

　そこで本研究では、変革型経営者の意思決定パターンを PIF 型と PA 型に分け、持続可能性追及のポテンシャルを探った。PIF 型の変革型経営者は、ビジョンの優位性に特徴がある。このような変革型経営者が、持続可能性と

いうコンセプトを含んだビジョンを掲げ、組織と共有した場合、その企業は持続可能成長戦略からの恩恵を活かすことができる。具体的には TQ（E）M や組織横断に関するケイパビリティを、資源蓄積やケイパビリティ構築の活性化によって強化できる。また、ビジョンの共有化は、社内に戦略的に行動できる部下を誕生させる。PIF 型の変革型部下（PIF 型の変革型ミドルなど）は、社内の比較的ボトムに近いところから変革を後押しする。

　PA 型の変革型経営者の下では、そのようなケイパビリティを活用した変革が困難であるため、オペレーションの環境配慮から製品の環境配慮への移行は外部コンテクストの条件に従ってのみ実行される。そのため、本研究の帰結としては、持続可能性を最大限に発揮するためには、企業はビジョン共有に基づいた変革型経営者と組織の下、リーダーシップとマネジメントをうまく連動させる必要があると述べられる。共有ビジョンをうまく資源蓄積やケイパビリティ構築につなげるためには、PIF 型の変革型ミドルのような存在も考慮していく必要がある。そのような内部主体が創発的戦略（Mintzberg and Waters, 1985）のような戦略的形態と結び付き、どのように TQ（E）M や組織横断に関するケイパビリティを構築していくのかも重要になる。これは、今後の課題になる。

＊1　実際には、これは品質の定義の一つでしかない。QC サークル本部（1997）によると、企業が追求するべき質の対象には 3 つの種類があり、それは製品品質・サービス品質・仕事品質からなる。さらに、製品品質は、その製品が機能として持つ狙いに関する設計品質と、その狙いが達成できているかどうかに関する製造品質からなる。
＊2　その後、日本企業が、低コストと差別化を同時に達成している現象は、M. E. Porter（ポーター）の『戦略の本質』において「生産性の限界線（productivity frontier）」によって説明される（HBR, 2011）。「業務効果（業務効率化による効果）（operational effectiveness）」が残っている限りは（つまり、低コストと差別化の同時追求の可能性が残っている限りは）、企業は総合的な経営体質の改善を達成することができる。
＊3　資源生産性とは、原材料やエネルギー、労働力などの様々なインプット（投入物）を、どの程度生産的に活用しているかという指標である（HBR, 2011）。
＊4　資源ベース観（RBV; Resource-Based View）は、企業の競争優位を資源・組織能力（resources and capabilities）と戦略の関係によって説明する。持続的な競争優位につながる資源は、①価値（Value）がある・②希少性（Rareness）がある・

③模倣不可能性（Inimitability）がある・④代替不可能性（Non-substitutability）がある、または組織能力（Organization）と関連があることが条件である。

＊5　このとき、オペレーションの環境配慮は一般的な意味でのオペレーションの業務効率化による環境配慮を指すが、汚染予防戦略と述べた場合には、特に内部コンテクストの資源や組織能力を利用して競争優位性を目指すことを指す。単純な業務効率化であれ汚染予防であれ、製品の環境配慮への移行には外部コンテクストの事情が許す（収益を保証する製品が生まれる、短期的な開発のコスト増が問題にならないなど）か、組織横断に関するケイパビリティが必要である。

【引用文献】

池田伸（1996）「品質から環境へ—総合的品質管理の発展」『廃棄物学会誌』7（6）、462～473頁。

市川亨司（2013）『基礎からわかる品質管理』ナツメ社。

伊吹英子（2005）『CSR 経営戦略』東洋経済新報社。

鵜殿倫朗（2013）「環境マネジメントシステムと企業の環境方針の浸透に関する実証分析—内部管理構造の新システム化と企業の環境行動の推進要因の経済・経営学的考察」『環境経済・政策研究』6（1）、18～28頁。

金井壽宏（1999）『経営組織』日本経済新聞社。

QC サークル本部編（1997）『QC サークル活動運営の基本』日本科学技術連盟。

十川廣國（2002）『新戦略経営・変わるミドルの役割』文眞堂。

日本規格協会発行（2006）「品質マネジメントシステム—基本及び用語 JIS Q 9000: 2006」2013.7.18アクセス、
www.page-kintora.net/ISO9000-JISQ9000-2006.pdf.

ハーバード・ビジネス・レビュー（2011）『Harvard Business Review』36（6）ダイヤモンド社。

牧英憲・鳩原恵二（2009）『ISO のしくみ』日本実業出版社。

山口光恒（2006）『環境マネジメント』放送大学教育振興会。

Hart, S. L. (1995). A natural-resource-based view of the firm, *Academy of Management Review*, 20(4), 986-1014.

Kase, K., Sáez-Martinez, F. J., and Requelme H. (2005). *Transformational CEO*. Edward Elgar.（高垣行男監訳『好業績 CEO の意思決定』中央経済社）

Mintzberg, H. and Waters, J. A. (1985). Of strategies, deliberate and emergent, *Strategic Management Journal*, 6, 257-272.

Mintzberg, H., Ahlstrand, B., and Lampel, J. (1998). *STRATEGY SAFARI: a guided tour through the wilds of strategic management*, The Free Press.（斉藤嘉則監訳『戦略サファリ』東洋経済新報社）

Porter, M. E. and van der Linde, C. (1995). Green and competitive: ending the stalemate, *Harvard Business Review*, September-October, 119-134.

Porter, M. E., Takeuchi, H., and Sakakibara, M. (2000). *Can Japan compete?*, Basic Books.（邦訳『日本の競争戦略』ダイヤモンド社）

Porter, M. E. and Kramer, M. R. (2006). Strategy & society: the link between competitive advantage and corporate social responsibility *Harvard Business Review*, December, 78-92.

論文

アメリカ公民権運動の政治学
――スマート・パワーの観点から読み解く――

横地 徳広

序論

　ジョセフ・S・ナイ・ジュニア（Joseph S. Nye, Jr.）の新たな主著『スマート・パワー』（*The FUTURE of POWER*, 以下、Nye, 2011 と略記）によれば、スマート・パワーは、「強制と支払いというハード・パワーと、説得と魅力というソフト・パワー」（Nye, 2011, p. xiii / 14頁）を「組み合わせ、様ざまなコンテクストにおいて効果的な戦略を立てる能力」（Nye, 2011, p. xiv / 15頁以下）と定義されていた。小稿では、このスマート・パワー概念を構成する契機三つ〈1〉ソフト・パワー、〈2〉ハード・パワー、〈3〉これら二つを組み合わせて目的を達成する戦略という観点から1956年のアメリカ公民権運動における「非暴力的抵抗（nonviolent resistance）」（King, 1958, p. 71 / 97頁）の分析を試みる。

　この非暴力的抵抗は、マーチン・L・キング・ジュニア（Martin L. King, Jr.）が1956年公民権運動を主導するさいに練り上げた手法であった。その分析がナイの政治学的観点から実行可能であるのも、『スマート・パワー』に先立つ『リーダー・パワー』（*The Powers to Lead*, 以下、Nye, 2008 と略記）のなかで彼がキングのことをこう論じていたからである。

　　キング牧師は、警察の横暴に直面しながらも、非暴力を通じて鮮やかにソフト・パワーをもちい、「彼の敵対者たちがもつ資源を反転させた」。彼最高のスキルは、「説得力あるコミュニケーション技術であった。たしかに支援者たちに与える金銭や現物報酬はもちあわせていなかったが、しかし、彼には誉れある目標が一つあった」。彼はこの目標を効果的に使い、最初は異なった方法で公民権問題にとりくんでいた多様なグループに共有

される意義を広め、その魂に吹きこんでいった。〔中略〕キング牧師は、制度的枠組みを壊すよりむしろ、これを改善する方法をもちい、社会変革が必要だという感情をいっそう幅広く結晶化させることができた。(Nye, 2008, p. 130 / 190 頁)

このように「集団のアイデンティティ」(ibid.) を刷新してまとめあげたキングのリーダーシップに注目してナイが指摘するところ、「効果的なリーダーシップに必要とされるのは、私がスマート・パワーと呼ぶ、ソフト・パワーのスキルとハード・パワーのスキルとの混交態である」(Nye, 2008, p. xviii / 7頁)。小稿で、キングの政治的手法である非暴力的抵抗をスマート・パワーの観点から考察する所以である。

考察の手がかりとなるのは、1956年にバス座席の「人種差別 (segregation)」を撤廃したアラバマ州モンゴメリー市でのバス・ボイコット運動についてキング自身が記したレポート『自由への大いなる歩み』(*STRIDE TOWARD FREEDOM*, 以下 King, 1958 と略記) である。同書には、1955年のローザ・L・Mc・C・パークス (Rosa L. Mc. C. Parks) 逮捕にさいしてキングがバス・ボイコット運動の「計画と戦術」を仲間と相談し (King, 1958, p. 32 / 44頁)、それを完遂するまでのプロセスが記されている。

ここで1956年公民権運動にそなわるスマート・パワーの三契機をより詳しく示しておきたい。それぞれ〈1〉善意のアメリカ市民や傍観者たち、さらには人種差別論者に対して「人種的正義」(STRIDE, p. 20 / 27頁) という社会的価値の魅力を伝え*1、その制度的実現を説得しえたソフト・パワー (cf. King, 1958, p. 211 / 284頁)、〈2〉バス・ボイコットによる経済制裁と「法律の制定や裁判所の命令」(King, 1958, p. 20 / 27頁) による法的強制というハード・パワー、〈3〉両者を組み合わせて人種的正義の制度的実現という目的をめざしたキングの抵抗戦略であった。とりわけ抵抗戦略の核をなしていたのは、キリスト教言語で語られた、他者への愛とモーハンダース・K・ガンディー (Mohandas K. Gandhi) にならう非暴力とであった*2。

小稿における議論の進行を示す。まず、「Ⅰ 力 (power) の諸形態」では、わけてもモンゴメリーのバス・ボイコット運動においてもちいられたソフト・パワーとハード・パワーの具体相を確かめる。次に「Ⅱ 非暴力と愛」では、「非暴力的抵抗は運動の手法として現われ、かたや愛は統整的理想となっていた」(King, 1958, 71f. / 98頁) という一文を導きの糸に、キングによ

る抵抗戦略の内実を明らかにする。

　こうしてスマート・パワーの観点から1956年公民権運動における非暴力的抵抗の分析を行なった結果、変革を求める人びとが他者の流血を回避しながら、社会制度を新たにしえた抵抗戦略に政治哲学の光があたるはずである。

I　力（power）の諸形態

　まずはナイがスマート・パワーの観点から規定した戦略概念を確認する。こうまとめられていた。

　　最終的に関心があるのは資源ではなく結果なので、状況と戦略にもっと注意を払うべきである。力を変換する戦略は十分に注目されていないが、これは決定的に重要な変数である。戦略は目的と手段をつなぐものであるから、それぞれの状況にあってハード・パワーとソフト・パワーという資源をうまく組み合わせることがスマート・パワーへの鍵となる*3。

　このようにスマート・パワーを織りなすソフト・パワーとハード・パワーの戦略的な組み合わせが1956年公民権運動の進展とともに変化していく様子を本節では描き出す。着目すべき運動の構成要素は、①バス座席の人種差別がアメリカ合衆国憲法に反することを訴えた法廷闘争、②バス・ボイコットによる経済制裁*4、③バス・ボイコット運動に参加したアフリカン・アメリカンへの非暴力教育である。

　さて、1956年公民権運動が始めるきっかけとなった事件は、キングの演説とその解説がまとめられた *A CALL TO CONSCIENCE*（King, 2001と略記、邦訳名『私には夢がある　M・L・キング説教・講演集』）に確かめることができる。それは、ローザ・パークスが1955年12月1日、「市バスで席を立ち、或る白人に譲ることを拒んだという理由で」逮捕された事件であった（King, 2001, p. 1 / 14頁）。この逮捕をうけて次のような会合がもたれたことをパークスは回想している。

　　ジョーン・ロビンソン夫人と、彼女とは別に、私たちのコミュニティに設置されていた女性政治会議の地区ごとの黒人女性リーダーたちは、私が逮捕された晩に会い、裁判の日である12月5日に〔バス〕ボイコットを呼

びかけると決めた。私は、人種隔離法を犯した罪で執行猶予つきの有罪判決を受け、罰金10ドルに加えて法廷費用4ドルの支払いを命じられた。これは、私たちの法的戦略と一致するものであり、こうして私たちは上級裁判所に提訴して人種隔離法に挑戦することが可能になった。(King, 2001, p. 2 / 14頁以下)

パークスの裁判が行なわれた5日の午後、モンドメリーにある協会の牧師たちも「モンゴメリー改良協会 (the Montgomery Improvement Association)」(以下、MIA と略記) を結成し、キングを「その初代会長およびスポークスマン」に選出していた (King, 2001, p. 2 / 15頁)。その5日夜には、「第1回 MIA 大衆集会」が開催される。「そこではボイコット戦略について活発な議論が行なわれていた」(King, 2001, p. 3 / 15頁)。集会の掉尾を飾ったのはキングの演説である。パークスが記すところ、「私たちのボイコットは愛国的な抗議であり、アメリカン・デモクラシーの伝統にまったく沿ったものである、そう彼は群衆に語った」(King, 2001, p. 3 / 14頁以下)。このとき、キングは「アメリカン・デモクラシーの偉大な栄光」のうちに「正義を求める抵抗権」をみとめていたが (King, 2001, p. 9 / 22頁)、「決定的な重要性」が見出されたのは、「非暴力の原則を尊重すること」と「イエス・キリストの教えにもとづいて私たちの抗議を行なうこと」の二つであった (King, 2001, p. 3 / 14頁以下)。こうしてモンゴメリーのバス・ボイコット運動は、キリスト教的な愛を理念に、非暴力の手法でアメリカ社会に人種的正義に適ったバス乗車制度を実現するべく開始されたわけである。

ここで丁寧な検討を要するのは、バス・ボイコット運動の非暴力的抵抗にそなわるハード・パワーの単純ではないあり方である。ナイが記すところ、ハード・パワーの具体例として人びとが思い浮かべやすいのは、「戦闘や威嚇」といった「軍事行動」である (Nye, 2011, p. 25 / 49頁)。そうであるかぎり、1956年公民権運動における非暴力的抵抗のうちにハード・パワーを見出すことに対しては、疑問が抱かれるかもしれない。非暴力的抵抗は軍事行動ではなかったからである。

しかしながら、非暴力的抵抗の具体化であったバス・ボイコット運動の目的が「バス会社を倒産させることではない」にせよ (King, 1958, p. 39 / 53頁)、ボイコットによってバス会社が「損害をうけるであろう」ことは確かであった (King, 1958, p. 39 / 53頁)。「ボイコットは経済的圧力を示し、ネ

ガティヴなものに満ちた泥沼にひとを放置する」(King, 1958, p. 39 / 52頁以下)。それゆえキングは、パークス裁判の5日夜に第1回 MIA 大衆集会で次のように語っていた。

> 愛の傍らにはつねに正義がある。私たちは正義の手段をもちいているだけなのだ。私たちは説得の手段をもちいるのみならず、強制の手段をもちいなければならないことがわかるようになった。(King, 2001, p. 12 / 24頁以下)

アフリカン・アメリカンの集団的な乗車拒否によるバス会社への経済制裁もまた「強制の手段」であり、たしかにハード・パワーの一つなのだ。ただし、注意しなければならない。バス・ボイコット運動は人種差別という「悪しき制度」に対する「大衆的非協力運動」であることの正当性を有していた*5。「私たちの関心をとらえていたのは、バス会社を倒産させることではなく、正義を機能させることであった」(King, 1958, p. 39 / 53頁) と述べてキングが強調したのは、1956年公民権運動の正当性を保証する人種的正義である。バス・ボイコットという非暴力的抵抗にふくまれた経済的なハード・パワーは、こうして正当性の魅力というソフト・パワーをも獲得していたわけである (cf. Nye, 2011, p. 13 / 34頁)。

ナイ『リーダー・パワー』を参考に、以上の考察をさらに深めたい。同書で「潜在的なフォロワーたちのニーズと需要が変化していくさまを把握する能力」が契機の一つである、「コンテクストを見抜く知性 (contextual intelligence)」が論じられた文脈で、ナイは次のように問う (Nye, 2008, p. 100 / 149頁)。「魅力や協力にそなわる力を損なわずに反抗を打ち破るには、ハード・パワーはどのようにもちいられるといいのか」と (ibid.)。この問いで述べられた「反抗」をアメリカ公民権運動のうちに見出せば、それは人種差別論者がキングたちにくりかえした妨害行動のことである。こうした人種差別論者に対して非暴力的抵抗という手法を選んだキングは、ハード・パワーの使用に根本的な制限を課したのであり、したがって彼独自の仕方でナイの問いを熟慮していたと言える。

さて、1956年12月20日に連邦最高裁判所からバス座席の人種差別を禁じる「命令書」がモンゴメリー市に到着すると、翌21日から今度はバス・ボイコット運動が中止されることとなる (cf. King, 1958, pp. 160-162 / 216〜218

頁)。すなわち、バス会社に対する経済的制裁は止まり、1956年公民権運動のハード・パワーにはさらなる制限が加えられたわけである。そもそも彼はバス会社の倒産を目的としてはいなかったし、それどころか、バス・ボイコットが帰結する経済制裁にみずから批判をむけていたほどである（cf. King, 1958, p. 52f. / 38頁以下）。ここで、ナイが「広報外交」を説明した言葉を参考にしたい。

　　反対意見や自己批判があることでかえってメッセージへの信頼が高まり、反対意見に寛容であろうとすることで社会に引きつける魅力を或る程度は生みだせる可能性がある。政策への批判は政府にとって厄介なものだが、とはいえ、社会をいっそう魅力的な輝きのうちに投げ入れ、こうしてソフト・パワーを生みだすのに役立つ。（Nye, 2011, p. 109 / 146頁）

　この引用における「社会」と「政府」の箇所にアメリカ公民権運動を入れて読み返せば、キングの抵抗戦略が見えやすくなる。キングは自己批判に開かれており、しかも1956年公民権運動にそなわるハード・パワーの使用制限にも開かれていた。このように手段の制限が実行可能であったのも、バス座席の人種差別撤廃という目的と非暴力の原則が明確であったからである。
　あらためてここで1956年公民権運動のソフト・パワーを確認したい。それはまず、善意のアメリカ市民や傍観者たち、さらには人種差別論者に対して人種的正義という社会的価値がもつ魅力のことであった。次に、これらの人びとにその正当性を説得して人種的正義を国内制度に反映させる力のことであった（cf. King, 1958, p. 211 / 284頁）。キングが記すところ、「非暴力的抵抗者（the nonviolent resister）は、反対者に物理的な攻撃を加えないという意味では受動的だが、一方で彼の心や感情はつねに活発であり、反対者の誤りを指摘してたえず当人を説得しようとしている」（King, 1958, p. 90 / 122頁）。このように非暴力的抵抗者たちは反対者への身体的暴力を拒否して1956年公民権運動のハード・パワーに根本的な制限を課していたが、その公民権運動で使用された手段を取捨選択する基準が明確であったことは強調されてよい。非暴力のこうした徹底が1956年公民権運動の魅力を高め、人種的正義の制度的実現を訴えるキングら非暴力的抵抗者の説得する力を強めていったのである。

つづいて、1956年公民権運動から経済的制裁が外され、ハード・パワーが法廷闘争に特化されていく経緯をたどりつつ、「法律の制定や裁判所の命令」(King, 1958, p. 20 / 27頁)による法的強制というハード・パワーの内実を明らかにする。

最初に確認するのは、1956年3月19日の出来事である。バス・ボイコットのさなか、「アラバマ州のアンチ・ボイコット法」(King, 1958, p. 138 / 187頁)に違反した廉でキングが裁かれる。これを解釈して彼はこう述べている。

それは、不正に対する非暴力的な抗議にわが民衆を参加させた罪であったし、わが民衆の魂に尊厳と自己尊重とを吹きこもうとした罪であった。それは、わが民衆のために生命、自由ならびに幸福の追求という不可譲の権利を願う罪であったし、何よりもまず、悪への非協力は善への協力とまさに同じ道徳的義務だということをわが民衆に確信させようとした罪であった。(King, 1958, p. 141 / 190頁)。

注目したいのが、「生命、自由ならびに幸福の追求という不可譲の権利」という文言である。これは、トマス・ジェファソン (Thomas Jefferson) の手による1776年7月4日の「アメリカ独立宣言」に示された、アメリカ人の基本的人権であった*6。したがって1956年公民権運動の掲げる人種的正義の源泉は、アメリカ建国の理念なのである*7。キングは上記の不当逮捕を逆に利用し、1956年公民権運動こそ、アメリカ建国の理念を継承する嫡子であることをふたたび世間と世界にアピールしていく。

こうしてアンチ・ボイコット法に対抗する法的措置をキングが語るに、「訴訟が連邦地方裁判所で起こされ、バスでの人種差別は、憲法修正第14条に反するという理由にもとづき、その廃止が求められた」(King, 1958, p. 143 / 192頁)。この裁判の公聴会が開始されたのは、1956年5月11日のことである。キング側の主張は、つまるところ、「隔離はするが平等 (separate-but-equal)」という「プレッシー・ドクトリン」は、アメリカ合衆国憲法に保証された人種的平等にもとるということであった*8。この裁判は、モンゴメリー市当局の上訴を経たのち、1956年11月13日に連邦最高裁判所で最終的な解決を得る。「私たちは今回の判決を白人に対する勝利とみなしてはならず、正義とデモクラシーのための勝利とみなさなければならない」(King, 1958, p. 156 / 210頁)。

しかし、このように連邦最高裁判所でバス座席の人種差別撤廃が認められても、1956年公民権運動は継続されていく。その判決は、モンゴメリー市で実効的なバス乗車制度として実現される必要があったからである。連邦最高裁判所から差別撤廃の命令がモンゴメリー市当局に通達されるのは12月20日のことだが、判決が下された11月13日からその日までのあいだ、キングは1956年公民権運動の新たな展開を準備する。それは、ソフト・パワー教育とでも呼びうる非暴力教育のことである。
　何が教えられたのかと言えば、座席での人種差別が撤廃されたバスにアフリカン・アメリカンが乗るさい、白人乗客との無用な軋轢を回避するための「非暴力的手法（techniques）」（King, 1958, p. 156 / 211頁）である。これはたとえば、複数名でバスに乗車してアフリカン・アメリカンたちの冷静さを保つといったものである。また、かつて白人専用であった席にアフリカン・アメリカンが座るケースを想定し、白人役を相手に礼儀正しく対応するロール・プレイングも MIA 大衆集会で活用された。こうした教育が重ねられるなか、12月20日に連邦最高裁判所から「バスの人種差別撤廃という命令がついにモンゴメリーに到着した」（King, 1958, p. 160 / 216頁）。翌21日からモンゴメリー市のアフリカン・アメリカンたちは、ふたたびバスに乗ることとなる。

　　私たちは、私たちを抑圧してきた人びとのことを理解し、裁判所の命令が彼らに加えた新たな調整に感謝しながら、裁判所の決定に応えなければならない。〔中略〕私たちは、白人と有色の人びとが利益と理解の真の調和にもとづいて協力することができるよう、行動しなければならない。私たちは、相互尊敬にもとづく人種差別撤廃（integration）を求めているのだ。(King, 1958, p. 162 / 218頁)。

　キングのこうした思いとは裏腹に、クー・クラックス・クランを代表とする過激派の反動はむしろ激化し、1957年1月28日の早朝には、キングの自宅をふくめた数か所にダイナマイトが仕掛けられる。「この爆弾投下によってコミュニティの人びとは、モンゴメリーが急速に無政府状態へと追いこまれたことがわかってきた」（King, 1958, p. 170 / 230頁）。この不穏な空気を察知して「市当局は本気で捜査を開始し、爆弾投下犯を逮捕して有罪に至らしめる情報には4000ドルの報奨金が出された」（ibid.）。1957年1月31日、爆弾

投下事件に関与した七人の白人が逮捕されて裁判にかけられる。これは、無罪判決という不当な結果におわったが、しかし、無政府状態を望まない市当局が過激派の動きを見逃さないようになる。ついに反動の収束へと至ったわけである。キングはこう回想する。

　頑迷な連中は最後の反抗を行ない、諸々の妨害が止んだのは突然だった。バスの人種差別撤廃はスムーズに進んだ。二、三週間のうちに交通は正常にもどり、人種双方の人びとは、どこへ行こうとするときも、一緒にバスに乗った。(King, 1958, p. 172 / 232頁)

モンゴメリーのアフリカン・アメリカンたちは、バスへと乗ったさいに白人との不毛な衝突を避ける非暴力的技法をすでに身につけている。「白人たちは、私たちの態度がわかると、攻撃の準備をする理由や、あるいは身を固めて防御態勢をとる理由がなくなった」(King, 1958, p. 175 / 236頁)。連邦最高裁判所の判決が出たのちも、こうして紆余曲折は存在したが、モンゴメリー市におけるバス座席の人種差別撤廃はありふれた日常にしっかりと溶けこみ、これをもって1956年公民権運動の完遂となった (cf. King, 1958, p. 170ff. / 230頁以下)。

運動は、事態の安定した収束と、入手された成果の安定した持続が必要なのである。

II　愛と非暴力

1956年公民権運動の非暴力的抵抗では、ハード・パワーの制限とソフト・パワーの強化が戦略的に連動して「選好された結果を生み出す能力」(Nye, 2011, p. 7 / 27頁) であるスマート・パワーが高められていった。これは、前節で確認したとおりである。

本節では、「非暴力的抵抗は運動の手法 (technic) として現われ、かたや愛は統整的理想 (regulating ideal) となった」(King, 1958, 71f. / 98頁) という一文を導きの糸にキングの抵抗戦略をその内容について考察する。カント批判哲学にあって「統整的原理 (regulatives Prinzip)」として使用された「理念 (Idee)」のことを思わせる書きぶりの一文であるが*9、キングがどの典拠からこの「統整的理想」という術語を入手してきたのか、それ

は不明である。さしあたり文脈をたどれば、1956年公民権運動の全体を「統整する（regulate）」のが愛の理想であり、こうした統整を通じて非暴力的抵抗は1956年公民権運動の手法として洗練されていったという意味である*10。問題は、そうして統整されることの中身である。

　ナイが考察するところ、「キング牧師が"I have a Dream."という演説中で表明したヴィジョンは、アメリカン・ドリームとアフリカン・アメリカンの経験に深く根ざしていた」のであり（Nye, 2008, p. 75 / 114頁）、「成功するヴィジョンは、フォロワーや利害関係者の様ざまなサークルにとって魅力がなければならない」（Nye, 2008, p. 75 / 114頁以下）。ヴィジョンが明確に提示された点では、1955年12月5日の「第1回 MIA 大衆集会」の演説も"I have a Dream."演説と同様であった（cf. King, 2001, pp. 75-79 / 99〜105頁）。

　では、どんなヴィジョンが1956年公民権運動を方向づけていたのか？
　ナイが説明するところ、「成功するヴィジョンは、持続可能であるために、或る集団が直面している状況の的確な診断を兼ねていなければならない」（Nye, 2008, p. 75 / 115頁）。2015年に生きるわれわれは、1956年公民権運動がバス座席の人種差別撤廃に成功し、現在でもそれが持続していることを知っている。したがって「諸々の目標を選んでヴィジョンのなかで区別するさい、リーダーたちは、答えを示すまえに問題を正しく理解できるよう、状況を分析しておく必要がある」というナイの指摘にもとづき（ibid.）、1956年公民権運動の特徴を①ヴィジョン、②目標、③問題、④状況分析、⑤答えに関して以下で列挙していく。

　まず第一に、キングが明示した①ヴィジョンである。キングはこの術語をもちいずに広義の目的という言葉で語り出しているけれども、彼が示したヴィジョンは、アメリカの独立宣言や合衆国憲法の理念によって示された社会正義を、つまりは人種差別なきアメリカ社会を、他者への愛によって実現するという内容であった。上述した第1回 MIA 大衆集会の演説でキングはこう語っている。

　　今夜、私が皆さんに申し上げたいことは、愛について語るだけでは私たちにとって十分ではないということである。愛は、キリスト教信仰の枢要の一つである。そこには正義と呼ばれる、もう一つの側面がある。そして正義は実に、分配における愛である。正義は、愛に反抗するものをただす

愛なのだ。(King, 2001, p. 11 / 24頁)。

「愛に反抗する」のは憎しみだが、ここで押さえておくべきは、愛という統整的理想は分配的正義をうちにはらみながら、1956年公民権運動の目的手段連関の全体を整えて統べるヴィジョンとなっていたことである。こうしたヴィジョンのもと、抵抗の手法は非暴力とされ、バス・ボイコットや法廷闘争が抵抗の手段として選ばれる。

さて第二に、彼が示した②目標を確かめたい。キングは、目標という表現ではなく、狭義の目的という言葉を使用しているが、その内実はバス座席の人種差別を撤廃することである。第三に、彼が把握した③問題は二つある。すなわち、人種差別論者が1956年公民権運動にむけた執拗な妨害行為と、長らく虐げられてきたアフリカン・アメリカンたちのネガティヴなパトス──妨害行為に対するアフリカン・アメリカンの激しやすさと、妨害をくりかえす権力者たちへの諦念であった。

つづいて第四に、キングが行なった④状況分析によれば、法の目が届くところでも閉じられるところでも、アメリカ合衆国憲法に反する人種差別がモンゴメリー市を支配していた。この支配構造を彼はモンゴメリー市当局との度重なる交渉のなかではっきりと見定めていった。最後に、問題を解く⑤答えは、非暴力的抵抗によってモンゴメリー市に「隔離なき平等」という人種的正義の制度的実現をもたらすことであった。

この非暴力的抵抗をキングは、「非暴力の哲学」(King, 1958, p. 89 / 121頁) という名のもと、次のように説明している。

　　非暴力的抵抗は決して臆病者むけの手段ではないということを強調しなければならない。これは、あくまで抵抗なのだ。怖いとか単に暴力的手段をもっていないという理由から非暴力的抵抗という方法をもちいる人がいるならば、その人は真の非暴力者ではない。もしも臆病さが暴力に代わる唯一の選択肢ならば、闘ったほうがましだとガンディーがよく語っていた理由は、ここにある。(King, 1958, p. 90 / 122頁)

他者の流血を望まないがゆえに考え出されたのが、非暴力的抵抗という手法であった。「非暴力的抵抗者は、必要とあれば、暴力を甘受することも厭わないが、暴力をふるおうとすることは決してない」(King, 1958, p. 91 /

124頁）。こうして暴力の拒否をキングが徹底したことにはわけがある。人種差別に対してアフリカン・アメリカンが抱きつづける不満はとても強く、それが爆発すれば、もちろん行動の大きな原動力となる。しかしながら、それが無軌道に発散されては逆に弾圧の口実とされ、アフリカン・アメリカンは人種的正義に適う現実的な成果を手にすることができなくなる。だから、「望まれた結果を手に入れるという意味での現実の力は資源が変換されて生みだされるのだが、こうした変換には適切に設計された戦略と巧みなリーダーシップが必要なのである」（Nye, 2011, p. 8 / 29頁）。このように「戦略」を組み立て「リーダーシップ」を発揮する力をナイはスマート・パワーと呼んでいたが、キングによって開発された非暴力的抵抗にあってこそ、彼のスマート・パワーが十全に発揮されていた。

しかも、彼はこの非暴力的抵抗という手法を吟味するさい、「こうしたボイコットを通じて継続的で実際的な結果がたとえ手に入ったとしても、そもそも不道徳な手段は道徳的な目的を正当化するのか」（King, 1958, p. 38 / 52頁）とまで問いを先鋭化している。キングの回答は、以下である。

> 非暴力的抵抗者は、非協力やボイコットを通じて抗議を表現しなければならないことがよくある。しかし、こうした非協力やボイコットが目的それ自体ではないことを非暴力的抵抗者はわかっている。これらは、対立する人びとの心に道徳的な恥の感覚を目覚めさせる手段にすぎず、その目的は救済と和解なのである。（King, 1958, p. 90 / 123頁、cf. p. 38 / 52頁）

このようにして1956年公民権運動をまとめあげる広義の目的が愛による「救済と和解」として提示されたのも、アメリカ建国の理念をキリスト教言語で語り直すキングの抵抗戦略があったからである。また彼は、自分の言葉の聞き手が誰であり、この聞き手がどのような状況にあるのか、両者を明確に把握したうえで語り方を選択し*11、「非暴力的抵抗者が打ち負かそうとしているのは悪なのであって、悪の犠牲にされた人びとではない」と強調する（King, 1958, p. 91 / 123頁）。キングの目に悪の犠牲者と映っていたのは、白人の一部を占める人種差別論者のことであった。それゆえ「私たちは不正を打ち負かそうとしているのであり、たとえ白人たちが不正だと言いうるにしても、その白人たちを打ち負かしたいのではない」（ibid.）と述べて「人種的不正」（ibid.）それ自体を打破したい旨を明言する。非暴力的抵抗が

1956年公民権運動の手法として選ばれた理由は、ここにある。

　闘うべき相手は人間ではない。したがって、物理的暴力は不要である。あるいは運動の参加者たちが自分から行使するどんな物理的暴力も、不正への攻撃ではなく、人間への攻撃となってしまうかぎり、徹底して回避すべきである。このような事情にキングは精通していたがゆえに、アメリカ社会における人種的平等の実現というヴィジョンのもと、人種差別論者との和解を語り出していた。

　キングは加えて、こうしたヴィジョンのもと、キリスト教言語で他者への愛と憎しみからの解放とを呼びかけていく。「私が言う愛とは理解のことであり、救済する善意のことである」(King, 1958, p. 92 ／ 125頁)。愛は、アフリカン・アメリカンや1956年公民権運動に賛意をおぼえる白人だけでなく、人種差別論者に対する理解でもある。こうした理解が、人種差別論者を憎しみと恐怖から解放するとキングは考えていた。

　まず、憎しみの問題から確認していくが、「非暴力的抵抗者は、その反対者たちの打倒を拒否するだけでなく、反対者たちへの憎しみをも拒否する」と強調されていた (King, 1958, p. 92 ／ 124頁以下)。しかし人種差別論者の暴力は、長年のあいだ継続し、その受け手に憎しみの感情を引き起こしてきた。この憎しみが復讐の暴力を喚起し、憎しみの連鎖が形成されて暴力激化の悪循環と化していく。キングはこの仕組みを熟知していたので、非暴力的抵抗を1956年公民権運動の手法とし、憎しみとの絶縁を試みたわけである。「非暴力の中心には愛の原理が屹立している」(King, 1958, p. 92 ／ 124頁)。その当時はアメリカ社会のマイノリティーであったアフリカン・アメリカンにとって非暴力的抵抗は、みずからの公民権をとりもどすための現実的選択肢となりえた。

　しかも、キングは運動の参加者にこう伝えていた。「生活するなかで、ひとは憎しみの連鎖を断ち切るのに充分な理性と道徳をそなえなければならない」(King, 1958, p. 92 ／ 125頁)。すなわち、日常の細部に張りめぐらされた人種差別を一つ一つ消去していくためには、アメリカ合衆国憲法の理念である人種的正義と統整的理想である愛を日常的現実の隅ずみにまで浸透させる必要があるということだ。第1回 MIA 大衆集会の演説で語られた、正義をうちにふくむ愛は、現実を統べる理念であった。ありふれた日常が反復されるなか、非暴力にあらわれた愛は憎しみを打ち破り、その連鎖から人びとを解き放っていく。

もちろん、憎しみから解放されるのはアフリカン・アメリカンだけではない。白人のなかにいた人種差別論者たちをも憎しみの連鎖から解き放つために、キングは人種差別論者が抱く恐怖の理解を試みてこう述べる。

　罪悪感にとらわれた少数派の白人たちは、次のような恐怖のなかで暮らしている。つまり、もしニグロが権力を握るようになれば、積年の不正や非道に復讐するのに抑制が効かず、憐れみを忘れて行動することへの恐怖である。(King, 1958, p. 210 / 282頁)。

　それゆえ、「非暴力の道を通じてでなければ、白人社会の恐怖は取り除かれない」(King, 1958, p. 210 / 282頁)とキングは主張する。『自由への大いなる歩み』から5年後に出た彼の講演集『愛する強さ (strength to love)』では恐怖論に一章が割かれていたが＊12、その内容と大学時代に彼がたどった「非暴力への思想遍歴」(King, 1958, p. 84 / 115頁)を考慮するに (cf. King, 1958, pp. 78-89 / 106〜120頁)、アリストテレス (Aristoteles) の『弁論術』を目にしていてもおかしくはない。政治演説と法廷弁論の成り立ちが語られるこの書では、恐れられる相手と恐れる理由、恐れるさいの心理状態が析出されていた＊13。ここでその分析を補助線にして人種差別論者の抱く恐怖を説明すれば、恐れられる相手は、人種差別論者が虐げてきたアフリカン・アメリカンである。つづいて恐れる理由は、アフリカン・アメリカンに対して長年のあいだ不当な人種差別を重ねてきたのが自分たち人種差別論者であり、この差別に対する復讐の可能性を感じていたことである。最後に、恐怖という心理状態が生み出された状況は、人種差別体制の弱体化とアフリカン・アメリカンの組織化が進んだことである。

　こうして人種差別論者の恐怖を具体的に確かめると、キングが「白人社会の恐怖」を取り除くために「非暴力の道」が必要だと言った理由が見えやすい。1956年公民権運動が求めていたのは、人種差別論者への復讐ではない。だからキングは、「ニグロが白人に次のことを納得させなければならない」と述べる (King, 1958, p. 211 / 283頁)。すなわち、「ニグロがひたすら求めているのは正義であり、自分自身と白人のために正義を求めるのだ」(ibid.)。アメリカ独立宣言の理念から受け継がれてきた社会正義が、しかし、キング独自の愛概念に賦活されてアメリカ社会の人種的平等というヴィジョンのなかで再生した場面である。

キングの見るところ、アメリカ社会は建国のときから人種差別によって分断されつづけてきたが、「愛、つまり、アガペは、こうして〔人種差別によって〕壊されたコミュニティをまとめうる唯一のセメントである」(King, 1958, p. 95 / 129頁)。人びとを憎しみの連鎖から解放して社会的関係を新たに結び直させるのが他者への愛であり、キングにとってそれは、非暴力的抵抗を通じて他者に愛を呼びかけ、社会正義を日常生活に貫徹する働きであった。キングはこう述べている。

　アガペは、弱くて受動的な愛ではない。それは、活動する愛である。アガペは、コミュニティの維持と創造を求める愛なのだ。(King, 1958, p. 94 / 127頁)。

クー・クラックス・クランの残忍な暴力やモンゴメリー市当局の不当逮捕といった人種差別はアメリカ社会を分断して対立を激化させることを狙っていたが、アメリカ建国の理念にもとる人種差別に対してキングたちは諦めることなく非暴力的抵抗を試み、その理念を反映したアメリカ社会の現実——人種差別なきバス乗車制度——を新たに創造しえた。正義に適った社会を創造する愛が、キングの考えるアガペなのである。こうして正義と非暴力が創造的愛のヴィジョンに統べられて有機的一体性を獲得した戦略こそ、1956年公民権運動の抵抗戦略であった。

小稿を閉じるにあたり、その運動をふりかえったキングの言葉を引きたい。

　何よりも私たちの経験は、暴力をもちいずに社会変革がなされることを示した。(King, 1958, p. 181 / 244頁)。

〈凡例〉
　小稿では、現代アメリカ社会では差別用語とされる表現「ニグロ (the Negro)」をMartin L. King, Jr.の著作から引用した場合がある。彼の執筆当時は差別用語ではなかったことをふまえ、また資料的価値をかんがみ、表現を残した。
　本文および引用文の、太字や下線による強調と〔　〕による補足は、すべて論者による。
　文献表に挙げた参照文献から引用するさい、その頁数は、(略号、原書／邦訳) の形で示す。たとえば、(King, 1958, p. 123 / 150頁) である。また原書中のイタリック

は、訳出にさいして傍点を付した。

＊1 マックス・シェーラー（Max Scheler）の哲学的人間学で提示された諸価値のヒエラルキーについては、次の文献における明快な説明を参照。アルフォンス・デーケン（Alfons Deeken）『人間性の価値を求めて』（阿内正弘訳、春秋社、1995年）43〜80頁。

＊2 キングは、ガンディー思想の受容についてこう語っている。「私は、長いあいだ探し求めてきた社会改革の方法を、ガンディーが……強調した愛と非暴力のなかに発見した」（King, 1958, p. 84f. / 115頁、cf. p. 90 / 122頁）。

＊3 Nye, 2011, p. 10 / 31頁。キングは一般的な戦略概念にもとづいて非暴力的抵抗の目的手段連関を考えていた。彼の戦略概念を解明するにさいして注意すべきは、主に19世紀以降の使用状況である。つまり、『ジーニアス大英和辞典』（大修館書店、2001年）によれば、"strategist" は、フランスから伝わった "stratège" に由来する語彙であり、"strategy" は19世紀初期からイギリスで使用されていた。加えて『ロベール大仏和辞典』（小学館、1988年）によれば、"stratège" の使用開始が1814年とあるので、古代ギリシアの "strategos" 概念を人びとが呼び戻してナポレオンを論じ、"stratège" の語彙が一般的に使用されるに至った。

　さて、戦略概念の「本質」を明らかにするために「戦略の歴史」をたどる試みについては、以下の著作を参照。Murray, W., Bernstein, A., Knox, M., *The Making of Strategy, Rulers, States, and War*, New York: Cambridge University Press, 1996. その訳書『戦略の形成　下』（歴史と戦争研究会訳、中央公論新社、2007年）に付された「解題」で石津朋之が指摘していたのは、戦略概念の「多義性と曖昧性」であった（同書、534頁）。これをふまえて注目しておきたいのは、哲学における「一と多」という古典的問題である。たとえばアリストテレスは『ニコマコス倫理学』のなかで「〈善い〉は〈在る〉と同じだけ多くの意味で語られる」（1096a20）と述べていた（朴一功訳『ニコマコス倫理学』、西洋古典叢書、京都大学学術出版会、2002年、18頁）。およそ2000年ののち、マルティン・ハイデガー（Martin Heidegger）は「存在は時間から了解される」と洞察し、多義的な存在の一性を時間の働きに求めた。「一と多」の問題に対する、こうした哲学的構えは、戦略概念の多義性にも適用が可能だろうか？

　この問いを光源にして戦略概念の歴史を照らし出すこと、小稿に限定して言えば、戦略という術語がキングの生きた1950年代のアメリカで使用された状況と、これに至るまでの歴史的経緯をその光源から明らかにすることは、今後の課題としたい。また、1956年公民権運動の非暴力的抵抗を抵抗戦略一般のなかで相対化するさい、以下を参照した。スティーヴン・M・ウォルト（Stephen M. Walt）『米国世界戦略の核心　世界は「アメリカン・パワー」を制御できるか？』（奥山真司訳、五月書

房、2008年）の第三章「戦略１―抵抗のために使われる戦略」および第四章「戦略２―アメリカのパワーに順応する戦略」。
＊4　バス・ボイコットを可能にした代替的交通手段のロジスティクス、つまり、タクシー・プールの準備にかんしては、King, 1958, p. 60ff. / 82頁以下を参照。
＊5　King, 1958, p. 39 / 53頁。キングの言語戦略が明示された箇所は以下である。
「……正しいひとは、悪しき制度への協力を拒否する以外の選択肢をもたない。これこそ、私たちが行動することの本性だと私は感じた。このときからずっと、私たちの運動は大衆的非協力の行動なのだと私は思っていた。このときからずっと、私は『ボイコット』という言葉はめったにつかわなかった」（STRIDE, p.39f. / 54頁）。
＊6　ただし、本田創造『アメリカ黒人の歴史　新版』（岩波新書、1991年）によれば、「人間はすべて平等に造られ、奪うことのできない一定の権利を創造主によって与えられ、そのなかには生命、自由および幸福の追求がふくまれる」と規定された「基本的人権を、全世界に表明した〔1776年〕7月4日のこの歴史的文書の作成過程で、南部のプランターは北部の商人の支持を得て、黒人奴隷貿易禁止の一条項を完全に抹殺してしまった」という事情があった（同書、47頁）。アメリカ独立宣言を起草したジェファソンの「ジェファソニアン・デモクラシー」については、バーナード・クリック（Bernard Crick）『一冊でわかる　デモクラシー』（染谷育志／金田耕一訳、岩波書店、2004年）の89頁を参照。
＊7　本田『アメリカ黒人の歴史』によれば、「このバス乗車拒否運動を闘い抜いた黒人民衆は、白人がそれを人種の問題としてとらえていたのにたいして、あくまで人間の尊厳の問題――この国の憲法の理念にもとづいて、すべてのアメリカ人が当然、享受すべき自由、平等、正義のために市民的権利の問題として受け止めていたのである。この闘争が、まさに公民権運動と呼ばれる所以である」（同書、179頁）。
＊8　King, 1958, p. 144 / 193頁。プレッシー・ドクトリンとは、本田『アメリカ黒人の歴史』によれば、「黒人を白人から隔離しても、施設などが平等であれば憲法違反ではないと裁定した1896年の連邦最高裁判所の判決（プレッシー対ファーガソン対決）」のことである（同書、168頁）。
＊9　Kant, Immanuel, *Kritik der reinen Vernunft*, Hamburg: Meiner, 1787 / 1990, S. 702. 統整的理念の実践的使用については、以下を参照。*Jewish Philosophy as a Guide to Life*, Indianapolis : Indiana University Press, 2008, p59f.
＊10　カント解釈の一つに、ナチスへの協力以前の、超越論的哲学期のマルティン・ハイデガーによる存在論的解釈がある。小稿では、この存在論的カント解釈を以下の著作に従って理解している。Lévinas, Emmanuel, "Martin Heidegger et l'ontologie", 1932, dans: *En découvrant l'existence avec Husserl et Heidegger*, Paris: J. Vrin, 1967. Dreyfus, Hubert L., *Being-in-the-World: A Commmentary*

on Heidegger's Being and Time, Division I, London: The MIT Press, 1991. こうした存在論的カント解釈は「実践的ホーリズム（ドレイファス）」をふくんでいるが、このホーリズムを手がかりにもう一歩進めば、ハイデガーが初期フライブルク講義『プラトン：ソフィスト』で示した「思慮（phronēsis）」の機能に対するホーリスティックな解釈と、ナイが提示した「コンテクストを見抜く知性（contextual intelligence）」概念とを比較しながら、コンテクストを見抜く知性がそなえた機能を哲学的観点から特徴づけることも可能である。

そもそも、有限な人間一人ひとりが生きる様ざまなコンテクストは当人にとって「可能無限」であるが、それらは、統整的理念のもと、ホーリスティックに織り合わされて人間的な全体化が遂行される。ただし、こうしたホーリズムの批判については、たとえば、レヴィナス『全体性と無限』を参照。

*11 アリストテレス『弁論術』（戸塚七郎訳、岩波文庫、1992年）の32頁以下および158頁を参照。

*12 King Jr., Martin L., *strength to love*, Minneapolis: Fortress Press, 1963, pp. 119-131.

*13 アリストテレス『弁論術』（戸塚七郎訳、岩波文庫、1992年）の第二巻第五章「恐れと大胆さ」を参照（同書、185〜193頁）。ただし小稿では、超越論的哲学期のハイデガーが提示した「情態性（Befindlichkeit）」概念にもとづき（Heidegger, M., *Sein und Zeit*, Tuebingen: Max Niemeyer, 1927, §30）、ハイデガー的なホーリズムの観点からアリストテレスの「恐れ」論を解釈している。

【文献表】

King, Jr., Martin L. (1958). *STRIDE TOWARD FREEDOM*, Boston: Beacon Press. （雪山慶正訳『自由への大いなる歩み』岩波新書、1959年）

King, Jr., Martin L. (2001). *A CALL TO CONSCIENCE*, New York: Grand Central Publishing.（梶原寿監訳『私には夢がある　M・L・キング説教・講演集』新教出版社、2003年）

Nye, Jr., Joseph S. (2008). *The Powers to Lead*, New York: Oxford University Press. （北沢格訳『リーダー・パワー』日本経済新聞出版社、2008年）

Nye, Jr., Joseph S. (2011). *The FUTURE of POWER*, New York: Public Affairs. （山岡洋一／藤島京子訳『スマート・パワー』日本経済新聞社、2011年）

書評

土屋大洋著
『ネットワーク・ヘゲモニー ―「帝国」の情報戦略』
（NTT出版、194頁、2011年、本体 3,400円）

加藤　朗

　本書は、社会科学のプログラム概念や情報科学のネットワーク概念の分析枠組みを用いて現代の国際関係とりわけ米中の覇権交代の可能性を分析する野心的な試みである。本書の最大の読みどころは、ネットワーク概念に基づく米中の現状分析ではなく、プログラム概念に基づく憲法改正を含む日本への政策提言である。

　まず全体の構成を概観しよう。第1章と第2章は理論的枠組みの提示である。

　第1章「プログラムとしての覇権体制論」では、日本の社会学研究の第一人者吉田民人[1]の「プログラム」の分析枠組みの紹介があり、情報科学のネットワーク概念をプログラムとして用いて国際政治の覇権交代論を論ずるとの方法論が提示される。

　第2章「領土的覇権からネットワーク的覇権へ」では、覇権システムは領土に依存する「テリトリアル（領土的）覇権」ではなく、情報・通信・交通・物流等のネットワークに依拠する「ネットワーク的覇権」で起きるとの仮説が提示され、個々の覇権について考察がなされる。

　第3章から第6章は、ネットワーク概念に基づく米中の事例研究である。

　第3章「米国の磁力とネットワーク」では、ローマ帝国をネットワーク・ヘゲモニーの視点から分析し、アメリカとローマ帝国を比較対照しながら米国がなぜ多くの人々を魅了するのかが分析される。

　第4章「中国におけるネットワークとウォーリング」では、2005年4月の反日デモをネットワークの力の事例として取り上げ、この事件を契機に中国が「壁」を設けていかにネットを管理しようとしたかを分析している。

　第5章「サイバースペースにおけるセキュリティ」では、通信傍受やサイバーテロ対策等オバマ政権のサイバーセキュリティに対する取り組みが分析

される。

　第6章「情報技術（IT）から環境技術（ET）」では、IT が莫大なエネルギーを消費し環境への負荷が高いことを踏まえて、ET の視点から IT のエネルギー問題をいかに解決するかが論じられる。

　第7章「ネットワーク社会のアーキテクチャとプログラム」では、日本の地政学的位置やネットワーク・ガバナンス等日本の現状を分析したうえで、今後の世界の展望や憲法を含め日本の「プログラム」を変更するための具体的な政策提言が行われる。

　本書は2011年2月に出版されてからすでに3年半（2014年8月本書評執筆時点）もの年月が経ってしまっている。取り上げられた事例は2010年以前のものである。当然だが、それ以降の国内外の政治情勢については言及がない。振り返れば2011年3月の東日本大震災を境に日本を取り巻く国内外の情勢は激変している。たとえば、2012年12月の安倍政権の誕生による日本の国内政治の変化、あるいは2013年3月に国家主席に就任した習近平氏そして2013年2月に大統領に就任した朴槿恵氏との歴史認識をめぐる安倍首相との確執や、日本と中韓との領土紛争の激化などの東アジア情勢の変化、そして何よりもロシア、中国が依然としてテリトリアル・ヘゲモニーの拡大を目指す動きを見せる一方米国が覇権国の座から降りようとしているのではないかとの懸念が高まっていることなどである。本書が時論の分析に多くを割いていることやイアードッグといわれるほど目まぐるしく変化する IT 問題を論じている以上、2011年後の政治情勢を考察していないのでは時代の変化に合わず書評に値しないのではないかと思われるかもしれない。

　そうではない。本書を時論として読むのではなく、社会学と情報学の視点から国際政治の覇権交代論を再解釈するための理論的挑戦の書として、あるいは社会学と情報学に基づく政策科学（吉田の定義する設計科学）の視点から日本への政策提言の書として読めば、今もなお新鮮な視点を我々に提供してくれる。その意味で、本書で重要な章は分析手法が提示される第1章、第2章と日本への政策提言が行われる第7章である。以下では、主にこの三つの章を中心に本書の書評を試みたい。

　第1章は本書の分析枠組みとなる社会学者吉田民人の社会学理論が提示される。吉田のもっとも顕著な業績は、本書が分析ツールとして用いている「プログラム」概念である。プログラムとは何か、吉田民人著、吉田民人論集編集委員会編『近代科学の情報論的転回』（勁草書房、2013年）「あとが

書 評

き」を引用する。
「先生は一九九〇年代半ばから、本書のタイトルにもなっている『プログラム科学論』を提唱した。その意図は、法則を秩序原理にして世界を説明する近代科学に対して、プログラムを秩序原理に据えた新しい科学観を提起することにあった。近代科学の基礎を築いたのは物理学であったため、近代科学は、先生の言葉を借りれば、『物理的自然』『生命的自然』『人間的自然』に内在する法則を発見することを目標とした。これに対して、生命的自然と人間的自然には、物理的自然にはない固有の秩序原理が働いていることを主張したのがプログラム科学論である。生命的自然も人間的自然も物理的自然のうえに築かれている以上、そこには因果法則が貫徹しているが、因果関係には還元できない創発的な秩序が形成されている。そうした生命的自然と人間的自然を生み出す固有の秩序原理を『プログラム』として定式化したのである」（吉田、282頁）。

吉田のこのプログラム概念に基づいて、これまで「物理的自然」に内在する法則に倣って法則を定立しようとしてきた国際政治学を「プログラム解明科学」として再解釈しようとチャレンジしたのが本書である。

これまでの国際政治学とりわけ戦後の米国の国際関係論は、法則を定立し未来予測可能な「法則定立科学」として確立する努力が続けられてきた。そのために自然科学とりわけ物理学の分析枠組みを借用してきたのである。たとえば国際政治学の基本概念である対立、協調は物理学の斥力、引力あるいは作用、反作用の概念であり、その応用として勢力均衡論[2]やビリヤードモデルが論じられた。覇権交代論も基本的には勢力均衡論の一種である動態的勢力均衡論であり、物理学の力の概念のアナロジーであるパワーの概念に基づく理論である。またすべてを数字に還元して法則を定立する物理学の方法論もまねされ、計量政治学なども模索された。

しかし、「法則定立科学」としての国際政治学は冷戦の終焉とともに「終焉」したと書評子は考える。国際政治学者の誰もが冷戦の終焉を予測できなかったからである。それは法則を定立するにはいまだに国際政治学の研究が足らなかったという「法則定立科学」としての未熟さからではない。そもそも法則が定立できるという前提自体が間違っていたからである。

こうした「法則定立科学」としての国際政治学への反省や疑問から[3]、国際関係論では冷戦終焉前後から社会構成主義（コンストラクティビズム）と呼ばれる分析主枠組みが流行するようになった。社会構成主義とは社会の

秩序は法則によって決定論的に支配されるのではなく、社会や歴史などによって構成されると主張する学派である。

この思考法自体決して目新しいものではない。というのもいずれも思考の二つのパターンすなわち本質主義と相対主義に還元できるからである。これまでの法則定立を目指した国際政治学は物事には主観や認識とは別個に普遍的な本質があるとする本質主義であり、他方社会構成主義は物事には普遍性はなく関係性や認識等によって決定されるとの相対主義に他ならない。また国際関係論の文脈からすれば、構成主義の流行は冷戦時代に主流を占めていた理論研究に対する地域・事例研究の復権*4 という側面もある。

吉田が「プログラム解明科学」を提唱したのは、やはり冷戦後の1994年のことである。「このような科学観を提唱するきっかけは、先生が一九九四年に日本学術会議会員になり、自然科学を含む多くの科学者と対話する機会が生まれたことにあったと思われる」と「あとがき」にあるように吉田もまた冷戦後の近代科学観の見直しの中*5 で「プログラム」概念を確立したのである。

つまり国際政治学における構成主義と社会学におけるプログラム科学はともに相対主義を媒介項に同じ分析枠組みととらえてよいだろう。その意味で土屋の分析枠組みは、「吉田のプログラム科学を引用したのは、本書では国際政治におけるプログラムという枠組みから、社会科学的なプログラムの一つとしての覇権体制におけるネットワークの役割を検証したいからである」（土屋、6頁）と記しているように、本書は社会学における吉田の「プログラム科学論」に基づく覇権交代論であると同時に、それは国際政治学から見れば構成主義による覇権交代論と位置付けることができるだろう。

とはいえ間主観を基本概念とする構成主義とは異なりプログラム科学論は「シグナル性プログラム」と「シンボル性プログラム」というより精緻で間主観概念を包摂する分析枠組みを用いる。吉田によれば次のように説明される。「生物科学はプログラム科学として社会科学と同類の科学類型に属するが、そのプログラムが物理・化学的に作動・発現するシグナル性プログラム科学であるという意味で、物理・化学という法則科学の支配下にある。他方、社会科学など人間レヴェルのプログラム科学は、プログラム科学としては生物科学と同類の科学類型に属するが、そのプログラムが物理・化学的にではなく、表象媒介的にしか作動・実現しないシンボル性プログラム科学であるという意味で、法則科学の支配下にある生物科学とは区別される」（吉田、

47頁)。要するに、「シグナル性プログラム」とは「生命的自然」に物理・化学的に作動・発現するプログラムであり、「シンボル性プログラム」とは「人間的自然」に表象媒介的にしか作動・実現しないプログラムのことである。本書は「シグナル性プログラム」と「シンボル性プログラム」の枠組みから国際情勢の分析を試みようとしたのである。

より具体的に本書は次のように両プログラムを例示して見せる。
「このプログラム科学の枠組みを現代の覇権国である米国に当てはめてみれば、太平洋と大西洋という大洋によって守られるという地政的アドバンテージは物理・化学的法則によって規定されている。石油などの天然資源を有すること、輸出可能なほど農産物生産に適している国土などもそうだろう。それに対し、米国が移民国家として世界中のさまざまな遺伝子を持つ人々を国民として持つことは、シグナル性のプログラムとして機能しているだろう。そして、そうした移民を許容し、民主主義を掲げる憲法とそれによる政治制度はシンボル性プログラムであり『制定的な』プログラムである。ブッシュ政権やオバマ政権が提示する政策もまたそうである」(土屋、8頁)。

これまでの国際政治学では、地政学的条件は数字に変換できるハードパワーの源泉であった。他方「シグナル性プログラム」である国民性と「シンボル性プログラム」である政治制度はいわゆるソフトパワーの源泉である。従来の「法則定立科学」としての国際政治学では国民性や移民を引き付ける民主主義の魅力等のソフトパワーを数字に還元することができなかった。また単にソフトパワーとみなすだけで定量分析はもちろん定性分析も難しかった。その意味で「シグナル性プログラム」と「シンボル性プログラム」の概念はソフトパワーを定性的に分析する枠組みとして有効である。本書の優れた点は、これまでのようなハードパワーからではなくソフトパワーの視点から覇権交代を論じたことにある。

さらに、本書は吉田のプログラム概念を踏まえてサイバー憲法学者のローレンス・レッシングの「コード」概念を用いてプログラムの構造を説明して見せる。

「レッシグは、インターネットを分析する枠組みとして、ネットワーク・インフラストラクチャやコンピュータといった『物理層』、ネットワークを通じて交換されるメッセージやアイデアの『コンテンツ層』、そしてそれらの二つの層をつなぐ『コード層』という三つの層を示した。……このレッシグの三層モデルを国際関係に応用してみれば、物理層とは国土や天然資源、

地政学的な位置づけだといって良いだろう。コンテンツ層とはそれぞれの国家が持つ思想や哲学、価値体系である。そしてコード(プログラム層)は物理層とコンテンツ層をつなぐ法律や制度、慣習、規範といったものであると考えられる。これら三つの要素が合わさってその国らしさが現れてくる。いわば国家は独自の OS(オペレーティング・システム)を持つのだ」(土屋、7頁)。

　国際政治の構造をコンピュータ・ソフトウエアのアナロジーとみなすのは、取り立てて目新しいことではない。ただし何を OS とし、何を APP（アプリケーション・ソフトウエア）とし、何をコンテンツとするかは大いに議論のあるところである。OS はむしろ「国家が持つ思想や哲学、価値体系」であり、「法律や制度、慣習、規範」などはその OS の上で動くアプリであり、そのアプリで表象される政治や文化等がコンテンツではないのだろうか。なぜなら「国家が持つ思想や哲学、価値体系」こそが「法律や制度、慣習、規範」を生むのであって、その逆ではないからである。さらに言えばたとえば「自由民主主義の普及」という米国の国家使命にもとづく「覇権」という OS が米国にはあり、それを実現するためのプログラムの一つとしてネットワークというアプリ・ソフトがあるのではないか。この点で書評子は本書と意見を異にする。

　さて以上のような分析枠組みに基づいて、ネットワークをプログラムの一つとしてとらえ、第2章でネットワークとは何かについての説明が行われる。本書のネットワークとは、「『覇権国がネットワーク(情報通信ネットワークおよび物流のネットワーク)を他国に比して優勢に使うことができるならば』という前件的条件の下で、『領土に根ざした帝国的覇権から、ネットワークを活用した新しい覇権体制へと移行する』」というプログラムである。このプログラムが覇権の成立・維持・崩壊にどのように作用するかを第3章から第6章まで事例分析をもとに論じていくのである。ここでは前述したように、事例が2010年以前であることから、本書評では事例に踏み込んでネットワークについて論ずることはしない。

　ネットワークがプログラムの一種である以上、たとえば中国が「覇権国がネットワーク(情報通信ネットワークおよび物流のネットワーク)を他国に比して優勢に使うことができるならば」という前提条件を満たしたとしても、「領土に根ざした帝国的覇権」にとどまるというプログラムをつくれば、どのような覇権体制になるのかはわからない。実際に中国はその前提条件を満

たしつつあるように思われる。その一方で東シナ海、南シナ海などの領域拡大の野望やインターネットの規制等を見れば、「ネットワークを活用した新しい覇権体制へと移行する」のではなく「領土に根ざした帝国的覇権」を目指しているように思われる。土屋の考えとに反するプログラムは、まさに中国のOSである中華思想や漢民族の価値観に根ざしている。

プログラムが自由に書き換えることができる以上、「法則定立科学」としての国際政治学同様に「プログラム解明科学」としての国際政治学でも将来を予測することはできない。であれば吉田が主張するように、国際政治学の役割は設計科学として、われわれは将来どうすべきか、設計図となるプログラムをつくることである。

この観点から、本書は最後に現在の「日本の『作れない、直せない、通用しない』プログラムを一新しなければならない」として、具体的に次のような政策提言をする。

「第一に、政策研究の充実である。各国の政策の優劣を研究し、その成功要因と環境条件を突き詰め、日本の政策プログラムへの設計へと組み込んでいく組織の設立と人材の育成が必要である」（土屋、158頁）。

「第二に、コスト高の克服である。……古いプログラムは改められなければならない。そのためには、既存の産業の見直しによる競争力の回復だけではなく、新しい産業を育成するための投資も行わなければならない」（土屋、158～159頁）。

「第三に、（国や民間等また情報・通信・交通等）さまざまなレベルでのネットワークの拡大・深化である」（土屋、159頁）（括弧内書評子付記）。

そして最後に、「自らを規定するプログラムとしての憲法を論じることは、われわれ自身の未来を考えることであ」り、「この（憲法）前文が示す日本の理念は日本国民の多くが賛同するところだろう。しかし、各条項については分かりにくさや問題点がある」として、憲法を「直す」ことを提案する（土屋、163頁）（括弧内書評子付記）。

本書は憲法を含むプログラムの見直しの背景をネットワークの視点からこう説明する。「ネットワークに注目するのは、冷戦という大きな「構造」が意味をなさなくなり、東側と西側といった領域的・領土的な発想が後退し、多様なアクターの「関係」を見ることが重要になってきたからだ。もはや国家と政府だけが国際関係のアクターではない。個々のアクターの性質だけではなく、アクター同士がどうつながるかが重要になってきている」（土屋、

164頁)。

　その上で日本の対中政策について、こう提案する。「中国の台頭は日本にとってチャンスである。米中に比べて日中の物理的な距離は近い。貿易が活発になれば両国が潤うことになる。製品やサービスの差別化をすれば良い。中国は工場でもあり市場でもある。中国がさまざまなところに作りたがる壁を取り除くことで日本のチャンスは広がるだろう。その地理的な優位を活かすべく、中国が作る壁をオープンにしていくことが日本にとっては必要である。それが中国にとっても長期的には利益になることを説得しなければならない」（土屋、165頁）。確かに、その通りである。では中国のインターネット検閲システムである「サイバー万里の長城」（土屋、169頁）の城壁をどうやって取り除くことができるのだろうか。また東シナ海や南シナ海で領海の拡張や防空識別圏の一方的な設定など「壁」を巡らす中国の領土的覇権の拡張をどのように防ぐことができるのだろうか。

　「伝統的に壁の概念が薄い」日本や、「公共空間」概念のある欧米（土屋、169頁）ではネットワーク概念は受け入れられやすいだろう。しかし、中国はどうだろうか。「各国が持つ基本的なプログラムを、コンピュータのアナロジーで「OS（オペレーティング・システム）と呼ぶなら、日本のOS、米国のOS、中国のOSといえるだろう」（土屋、157頁）と各国ごとにOSが異なるなら、中国にネットワーク概念を期待しても無駄ではないのだろうか。それとも「現在のグローバル社会を動かす強力なOSがネットワークを志向する限り」（土屋、161頁）とあるように万国共通のOSがあるのだろうか。またネットワーク志向のグローバルOSは一体誰が書いたのだろうか。そのOSが国別のOSよりも良いものと判断する価値基準は何だろうか。本書が明らかにしたプログラムの価値の問題－それはプログラムを書く主体の価値観、思想の問題でもある－は、吉田のシンボル性プログラムの抱える問題でもある。本書の理論的挑戦が今後一層深化することを期待したい。

＊1　吉田民人（よしだたみと）について簡単に紹介しておく。「1931年8月20日・2009年10月27日）は社会学者。京都大学文学部社会学専攻卒業。同大学大学院博士課程中退。専門は理論社会学。日本学士院会員。第18期日本学術会議副会長。元日本社会学会会長。東京大学名誉教授。愛知県出身。機能主義社会学を理論的に追求した。『情報』を社会科学的な研究対象とした先駆者の一人としても知られる」（ウィキペディア）

書　評

*2　例えば以下を参照。モーゲンソー、現代平和研究会訳『国際政治』（福村出版、1986年）「第11章　勢力均衡」
*3　土屋も「国際政治理論だけでなく、社会科学全体において自然科学と同じような理論化を求めるべきではない」との英国の国際政治経済学者スーザン・ストレンジを引用している（土屋、5頁）。
*4　例えば以下の、戦後日本の安全保障について日本の文化や規範から論じたピーター・カッツェンスタインなどはその典型である。Peter Katzenstein, *Cultural Norms and National Security: Police and Military in Postwar Japan*, Cornell University Press, 1996.
*5　ソーカル事件を発端とする近代科学論争いわゆるサイエンス・ウォーズが、時を同じくして1990年台半ばに起こったことは決して偶然ではない。社会学ではフランシス・フクヤマの「歴史の終焉」やサミュエル・ハンチントンの『文明の衝突』など分野を問わず近代の見直しが行われていた時期である。ソーカル事件についてはアラン・ソーカル、ジャン・ブリクモン（著）、田崎晴明、大野克嗣、堀茂樹（翻訳）『知の欺瞞』（岩波書店、2000年）、サイエンス・ウォーズについては金森修『サイエンス・ウォーズ』（東京大学出版会、2000年）を参照。

書評

荒山彰久著
『日本の空のパイオニアたち
―明治・大正18年間の航空開拓史』
（早稲田大学出版部、352頁、2013年、本体 2,800円）

源田　孝

はじめに

　昭和20年8月15日の終戦とその後の占領期の断絶のため、本来継承されるべき歴史が中断し、埋もれてしまった歴史がある。航空史はその典型的な例である。日本の航空史を掘り起こすため、明治末年から始まった航空揺籃期に注目し、技術者、科学者、軍人、実業家、政治家、そして報道関係者等、日本の空の開拓者たちが、さまざまな逆風、抵抗、無理解を乗り越えて邁進してきた苦難と栄光の歴史を検証したのが本書である。

　副題に「明治・大正18年間の航空開拓史」とあるとおり、本書は明治42（1909）年の臨時軍用気球研究会による気球の初飛行から、大正15（1926）年の朝日新聞社機「初風」及び「東風」による欧州連絡飛行の成功までを扱った黎明期の日本の航空界18年の歴史である。同時にそれは、発明されたばかりの航空機からその将来性と無限の可能性を予見した空の開拓者たちが、時の政府、軍、財閥、マスコミを動かして最新の航空技術を導入すると同時に、日本独自の技術を案出してその航空機の実用化を図ろうとした最初の18年間でもあった。

　筆者は、現代史と併せて航空史を研究する航空史家であり、本書は航空専門誌『航空情報』に連載された「航空史発掘」のうち明治・大正時代の航空史を再構築したものであり、筆者ならではの緻密な調査と研究に基づいて時代順に綴った年代史の構成となっている。

　本書は、30章で構成されているが、その内容から大きく4部に区分できる。前史から大正3年までの航空機の輸入時代という黎明期を述べた序章から第10章、大正4年から大正8年までの帝国飛行協会の設立と陸・海軍での航空機の導入期を述べた第11章から第15章、大正9年から大正10年までの航空技

書　評

術の発達、航空機製作会社の創設、そしてエアラインの創設による陸・海軍や民間航空の発展を述べた第16章から第24章、そして大正11年から大正15年までの欧州連絡飛行の成功から陸・海軍での飛行船の導入を述べた第25章から第30章である。

航空前史

　もともと日本には航空開拓史の前史を飾る人々がいた。序章「序説　江戸時代の二人の鳥人－幸吉と安里」では、自由に空を飛びたいという夢を実現しようとしたパイオニアのうち文献に現れた最初の鳥人（イカロス）達を詳述している。

　備前岡山の浮田幸吉は、天明5(1785)年6月に独創的な羽ばたき機を製造して数回の飛行を試みている。しかし、空を飛ぶ行為は人心を惑わすものとして、浮田は狂人扱いされている。江戸時代では、鳥人と聞くだけで犬畜生と同じと見なされた。同時期の沖縄にも「飛び安里」の異名を持つ安里周祥がおり、羽ばたき機を製造して高台から飛んだといわれている。

　明治時代になると空を飛びたいという夢は具体化してくる。第2章「日本の二人の航空の祖－二宮忠八と長岡外史」では、それぞれ民間と軍事の先覚者を紹介している。二宮は、鳥型飛行機や玉虫型飛行機を作り、発動機さえあれば飛行可能な機体を設計したことで実現化の一歩手前までいった。それは、アメリカのライト兄弟が明治36(1903)年に人類最初の飛行を成功させた時より12年も前のことであった。

　当時、飛行の定義は明確であり、「搭載したエンジンで機体を推進し、操縦できること」であった*1。グライダーによる滑空や気球による浮遊は、飛行と見なされなかった。ライト兄弟は、軽量で堅牢な機体を製造しただけではなく、風洞実験の結果を踏まえて翼を設計し、小型軽量のガソリン・エンジンを開発し、プロペラを工夫し、そして操縦舵を案出して初飛行に成功したのである。科学的アプローチを得意とするアメリカ人ならではの偉業であった。

　文明論から見れば、20世紀初頭、大空は新たな可能性を秘めた空間として捉えられ、旧来の慣習に縛られない自由な領域というイメージが定着しつつあった。そして、航空機は人類の空を飛びたいという夢を叶える道具であるとともに、モダニズムの象徴的存在でもあった*2。ライト兄弟の初飛行は、そのきっかけとなったのである。

軍事航空の曙と長岡外史

空を飛ぶ航空機には当初から軍事的有用性があることは否定できなかった。1887年に発表されたアルベール・ロビタの『20世紀の戦争（War in the Twentieth Century）』では空想的ながらはじめて戦争に空飛ぶ機械が登場し*3、1907年に発表されたハーバード・G・ウェルズの『空の戦い（The War in the Air）』では航空機と勇猛な戦士とみなされた日本の侍を融合させて「セルロイドの羽を持ち、刀を使って怪物のような飛行船に攻撃をしかける小さくて俊敏」な空の侍が登場する*4。これらの未来小説が、空の戦いに対する市民の想像力を煽ったことはよく知られていた。それまで、陸上と海上という二次元空間に限られていた戦いの場が、航空機の登場によって空中という三次元空間へと広がることになるからである。

日本における軍事航空の草分けが長岡外史であった。長州出身の陸軍のエリートであった長岡は、明治42（1909）年、陸軍省軍務局長時代に新設されたばかりの臨時軍用気球研究会の会長に就任する。長岡は、飛行機を見たことはなかったが、将来の戦争に役立つような気がすると考えて会長を引き受けたといわれている。

明治33（1900）年のツェッペリン飛行船の初飛行、明治36（1903）年のライト兄弟の初飛行、明治42（1909）年のルイ・ブレリオの英仏海峡横断飛行の成功が報じられ、日本でも航空機の関心が日ごとに高まっていた時であった。このような中で陸軍が初めて臨時軍用気球研究会の予算60万円を獲得したのであった。臨時軍用気球研究会の予算を獲得したのは、陸軍大臣寺内正毅であり、寺内の先見の明も評価できよう。

長岡は、研究会の会員の決定、初飛行の航空機の選定、操縦士の選定と欧米への派遣、そして所沢飛行場の選定を行い、日本における軍事航空の礎を築いた。

長岡は、予備役となった後も、陸軍航空への貢献は続く。国民飛行会の会長に就任し、アメリカから「空の黒船」と呼ばれた飛行家達を招聘して紹介したり、各地で展示飛行を行って積極的な啓蒙活動を行った。特筆すべきは、大正5（1916）年に『日本飛行政策』を出版し、防空の必要性、空軍の独立、航空中央機関の必要性、民間航空の活用等をパンフレットにまとめて出版し、世に問うたことである。さらに、長岡は、衆議院議員になった後も航空関係の議案の提出や質問演説を行っている。航空分野については、欧米では民間航空が先行したのに対し、日本では軍事航空が先行した。長岡なくして日本

の軍事航空はないとみなされたほどの巨星であった。

　長岡の施策の一環としてヨーロッパへ派遣されて操縦技術を学び、そして日本で初飛行の栄に浴したのが臨時軍用気球研究会のメンバーであった日野熊蔵と徳川好敏である。両名の活躍は、第3章「最初の操縦先駆者―日野熊蔵と徳川好敏」で詳述されている。ヨーロッパから帰国した両名は、明治43（1910）年12月19日、代々木練兵場で栄えある日本国内初の飛行に成功する。この時、両名の初飛行の経緯を連日新聞各紙が報道したため、代々木練兵場には連日10万人の見物人が押し掛けている。飛行機を知らなかったほとんどの日本人にとって、実際に飛行する実物を目撃したことは、画期的な出来事であった。かくして明治43（1910）年は、日本航空元年となった。

　アメリカ陸軍航空隊の創始者であったウィリアム・E・ミッチェルは、新たなフロンティアである航空分野に従事しようとする強い意志を持つ新しい階層を航空志向者（air-going people）と呼んだ*5。ミッチェルによれば、航空志向者とは、空中を飛行するという新たな、特異な、そして危険な未知の世界に向かおうとする冒険心に溢れた若者達を意味していた。本書には、空の開拓者達とともに、航空機による冒険を好意的に報道する報道機関や見学に押し掛ける多くの熱狂的な日本国民が紹介されている。航空の揺籃時代であったにもかかわらず、日本国民は熱狂を持って航空機を受け入れようとしたことが分かる。そして、その熱狂は、後に続く多くの航空志向者を生んだのである。

黎明期の民間飛行家群像

　第5章「黎明期の民間飛行家群像」で筆者は、数多いる民間飛行家をその歴史的経緯から4つのパターンに分類していることが興味深い。

　第1のパターンは、「軍人から民間飛行家になった者達」であり、磯辺鉄吉に代表される。海軍軍人で日露戦争に従軍した経験のある磯辺は、将来の海戦での航空機の必要性を痛感し、試験機を作成して実験飛行を試みたが、失敗が続き、金銭的な負担に耐えかねて挫折している。

　第2のパターンは、「資金の面で余裕のあった華族出身者が航空に関心を持ち民間飛行家になった者達」であり、その代表が奈良原三次、滋野清武、伊賀氏広男である。

　元軍人で男爵の爵位を有し、東京帝国大学造兵科出身の奈良原は、軍務の傍ら航空機「奈良原2号機」を完成し、明治44（1911）年5月4日に奈良原自

身が操縦して高度4メートル、距離60メートルを飛行し、国産航空機の初飛行に成功している。

　同じく男爵の爵位を持つ滋野については、第14章「西武戦線のバロン滋野と邦人飛行家」で詳述している。滋野は、フランスで操縦術を学んで飛行免状を取得した。第一次世界大戦ではフランス陸軍航空隊に入隊して、撃墜王を集めた飛行隊のパイロットとしてドイツ軍機を6機撃墜し、日本人で初めてのエース・パイロットとなった。戦後は、戦功が認められてフランスからレジオン・ドヌール勲章とクロワ・ドゥ・ゲール勲章を叙勲している。

　第3のパターンは、「一般の民間飛行家達」であり、その代表が白戸榮之助、伊藤音次郎である。

　奈良原に飛行術を学び、我が国初の民間操縦士となった白戸は、明治45（1912）年4月、奈良原に代わって「奈良原4号（鳳号）」を操縦し、多くの観客が見守る中を軽快な飛行を行って観客を魅了している。

　第4のパターンは、「航空先進国アメリカで操縦免許を取得した民間飛行家達」であり、その代表が近藤元久、武石浩玻である。

　第6章「国内初の民間飛行家殉職者―武石浩玻」で武石の短いが波乱に満ちた生涯を詳述している。明治36（1903）年に渡米した武石は、フランスの飛行家ルイ・ポーランに感動して飛行家を志し、明治45（1912）年2月にカーチス飛行学校で飛行免状を獲得し、滋野、近藤に次ぐ、日本の民間人として三番目の飛行家となった。大正2年（1913）4月に日本に帰国した後、大阪・京都間の都市間連絡飛行に挑んだ際、京都で着陸に失敗して墜落死している。その悲劇は、多くの人に影響を与えることになる。そして多くの若者が、未知の飛行機に怖気づくのではなく、武石の事故をきっかけとして飛行機に命を懸けた武石の意思に影響を受けて飛行家を志すことになるのである。

　理論家であった武石は、飛行機の将来性と軍事的能力を考察して論文にまとめ、『飛行機国防論』として発表している。注目すべきは、アメリカ海軍のアルフレッド・T・マハンが唱えた「海上権力論」に対抗する概念として「空中権力論」を提唱していること、そして航空機によって日本が空から偵察され、さらには爆撃される恐れがあると予見していること、である。

大隈重信と帝国飛行協会

　民間飛行家達が飛行機を運用するには経済的な困難が伴った。こうした民間飛行家を支援するとともに民間航空の発展のための啓蒙活動を行うことを

目的として設立されたのが日本飛行協会であり、同協会は後に帝国飛行協会へと発展する。

帝国飛行協会の初代会長は大隈重信であり、大隈は8年間もその職にあって広範な分野で活躍している。大隈の民間航空に対する貢献については、第8章、第9章、第11章、第16章で詳述している。

注目すべきは、大隈が会長に就任した大正3（1914）年は、第1次世界大戦開戦の年であり、飛行機の技術が軍用に転用され、飛行機の発展は人類のためにならないのではないか、という議論が登場しつつあった時代であったことである。そのようななか、大隈は、「今後の敵は天上から来るのである。航空機が完全に発達した時は、すなわち戦争の終結する時である。このため航空機平和の使者であり、その出現は世界文明史を飾るべき一大革命の曙光である」と航空機擁護論を展開している。

陸軍航空の発展と井上幾太郎

第17章「明治・大正時代の陸軍航空と井上幾太郎」では、長岡と同じ長州出身のエリート軍人であった井上が長岡の衣鉢を継いで陸軍航空に関与し、陸軍組織の中で累進を重ねつつ陸軍航空を育成して「陸軍航空育ての親」と称さるようになる経緯と功績を詳述している。

当時、陸軍省軍務局工兵課長であった井上は、職務上臨時軍用気球研究会の幹事に就任するが、それまで飛行機についての経験や知識は持ち合わせていなかった。しかし、徳川が操縦する飛行機に同乗して飛行を体験し、飛行機の将来性に着目した。優秀な軍人であるとともに、実行力も兼ね備えていた井上は、操縦将校や偵察要員の育成、特別大演習への航空機の参加、青島攻略戦への実戦参加、そして日本で最初の長距離飛行等の新機軸を次々に実現していく。

その後、井上は大正6（1917）年に所沢飛行場の監督者となるとともに、陸軍航空始まって以来の組織改革を行い、航空部の創設、航空学校の創設、所沢飛行場の拡張、航空大隊の各務ヶ原移住を実現した。

大正8（1919）年には、当時、航空先進国であったフランスから、最新の多様な機種を購入し、同時にジャック・P・フォール大佐率いる教育団を招聘している。教育団は、いくつかのグループに分かれて日本各地の航空隊に派遣され、それぞれの地で発展途上の陸軍航空を担う若い人材の教育に尽力した。欧州の激烈な航空戦を経験したフランス軍人達の指導は、同年9月中

旬まで行われたが、その影響は単に飛行技術や運用法の習得に留まらず、組織や航空機開発まで多岐にわたり、陸軍航空の近代化に大きな貢献を果たした。

井上の業績で特筆すべきは、大正10（1921）年の宇垣軍縮の最中にあって陸軍航空を増設したことである。そして、井上の最終的な夢は、陸軍航空を独立させて空軍に改編することであった。第一次世界大戦での空軍の活躍を受けて大正7（1918）年にイギリスではすでに空軍が独立しており、その後イタリアでも空軍が独立した。敵の空からの攻撃には、空軍で対処するほかなく、そのためには陸軍と海軍に分離している航空部隊を統一して空軍として独立すべき、「軍の統一こそ防空完璧の必須条件」というのが井上の結論であった。

海軍航空の創設と実戦参加

海軍航空の創設は、かねてから飛行船や飛行機の将来性に着目していた山本英輔が、明治42（1909）年3月に航空術研究に関する意見書を提出して、認められたことから始まる。

海軍にとって飛行機に対する興味は、水上で運用する水上機か艦艇から発進する艦載機であった。山本は、明治45（1912）年11月の観艦式に航空機を参加させることを計画する。金子養三が操縦するファルマン機が、神奈川県の追浜から離陸して横浜沖の観艦式の上空を一周し、大正天皇の御召艦「筑摩」を先頭にした艦列の側面に着水し、その後離陸して追浜に帰着した。この飛行によって、海軍軍人だけでなく、全国民に海軍にも飛行機があることを知らしめた。

1914年（大正3年）に勃発した第一次世界大戦では、日本はドイツに宣戦布告し、中国の膠州湾にある青島要塞の攻略に乗り出した。海軍は、水上機母艦「若宮」とモーリス・ファルマン水上機を投入した。山崎太郎が指揮する海軍航空隊は、9月5日に初出撃を行った。一方のドイツ軍は、ルンプラー・タウベ機を偵察任務に投入した。10月13日、ルンプラー・タウベ機を発見した日本軍は、空中戦を挑んだ。しかし、ルンプラー・タウベ機の機動性は、日本軍機を圧倒的に上回っており、2時間の空中戦の末に撤退した。これが日本軍初の空中戦であった。

第一次世界大戦終結後、海軍は航空部隊の遅れを取り戻すため、イギリスからウィリアム・フォーブス＝センピル大佐に率いられた教育団の招聘を決

めた。教育団は、大正10(1921)年9月から18か月間にわたり海軍の航空技術を指導した。教育は、霞ヶ浦海軍航空隊で行われ、グロスター・スパローホーク機などイギリスから持ち込んだ新型機を使って、雷撃法や爆撃法等の訓練が行われた。また、イギリスの航空母艦「アーガス」や「ハーミーズ」についての情報ももたらされ、建造の最終段階にあった航空母艦「鳳翔」の参考にされた。

おわりに

本書は、国内外の航空史の史実によく目配りした構成になっており、読みやすく、航空史は無論のこと歴史発掘の面白さをも併せて体感させてくれる好著である。航空史を産業や文化まで広がる歴史学の一分野として確立したいと願っている筆者の思いもよく伝わってくる。また、操縦術のみならず自作機の研究開発に情熱を燃やして未知の分野に挑んだ一群の人々のエピソードは、明治期から大正期にかけての青春群像としても読める。約200点の貴重な写真・図版が掲載され、巻末には航空史を一望できる年表が添えられている。航空黎明期の写真集『それでも私は飛ぶ－翼の記憶1909-1940』と合わせて読むことにより、より一層理解が深まるものと思われる。

*1 源田孝『アメリカ空軍の歴史と戦略』(芙蓉書房出版、2008年) 17頁。
*2 石津朋之、立川京一、道下徳成、塚本勝也編著『シリーズ軍事力の本質①エア・パワー』(芙蓉書房出版、2005年) 14頁。
*3 マーチン・ファン・クレフェルト著、源田孝監訳『エア・パワーの時代』(芙蓉書房出版、2013年) 22頁。
*4 同上、4頁。
*5 William Mitchell, *Winged Defense: The Development and Possibilities of modern Aeronautics* (Philadelphia and London, J. B. Putnam Sons, 1925) p. 6.

書 評

マーチン・ファン・クレフェルト著、源田孝監訳
『エア・パワーの時代』
（芙蓉書房出版、602頁、2014年、本体 4,700円）

小野 圭司

　本書の著者であるマーチン・フォン・クレフェルトは1946年にロッテルダムに生まれ、その後イスラエルに移住した。ヘブライ大学で歴史学を学び、ロンドン大学（LSE）で博士号取得した後、軍事史・軍事戦略の専門家として長年にわたって母校であるヘブライ大学歴史学部で教鞭を執ってきた。この間、軍事史・軍事戦略の専門家として20数冊に及ぶ著書を著し、日本の防衛研究所を含む日欧米の国防機関や大学・研究機関等で講演・講義を行っている。また今年度は、当学会の第42回定例研究会で「戦略がなければ国家は滅びる―イスラエルの生き残り戦略」の論題で講演をしたところである。広く軍事史・戦争文化・軍事戦略を研究してきたクレフェルトであるが、本書の記述はエア・パワーに特化している。本書は大きく、エア・パワーの歴史の記述部分（第1～3部）と近年の戦争の形態を踏まえたエア・パワーの将来展望（第4、第5部、最終章）に分けられる。ただしクレフェルトが示すエア・パワーの将来は、決して明るいものではない。本書前半部分においてエア・パワーの歴史を概観した上で、最終的にクレフェルトはエア・パワーの凋落を歴史的な必然と捉えている。そこで以下では、先ず本書の記述に沿ってクレフェルトが上記結論に至った過程を検証することにする。

　エア・パワーの歴史については、第1～3部の12章（各部4章構成）が充てられており、各部の対象期間は第1部が第二次大戦前（1900～39年）、第2部が第二次大戦中（1939～45年）、そして第3部が第二次大戦後（1945～91年）となっている。約100年にわたるエア・パワーの歴史が第二次大戦を軸に3分割されていること、加えてエア・パワーの歴史に於いて時間的に1割に満たない第二次大戦が記述量で約3分の1を占めていることから、クレフェルトのエア・パワー史観を窺い知ることができる。クレフェルトが指摘するように第二次大戦は長期総力戦且つ長期消耗戦であり、この点に於いて

書　評

第一次大戦と変わらない*1。ただし長期戦に対する耐性の要因として工業力が重要な位置を占め、航空機生産機数はその尺度の一つとなった。さらに何よりもエア・パワーは、第二次大戦では戦争の帰趨を決定づける力を持つようになった*2。つまり第1〜3部で述べられているのは、第二次大戦を頂点としたエア・パワーの栄枯盛衰である。

　第二次大戦前を扱う第1部では、1783年のモンゴルフィエ兄弟による熱気球飛行の成功にまで遡り、その直後に気球が軍用目的に有用であると認識されていたことが紹介されている。また1903年に飛行機による初飛行に成功したライト兄弟も、そのすぐ後に各国の軍隊に向けて飛行機の売り込みを始めていた。つまり航空機はその誕生の瞬間から、軍隊と密接な関係を有していたのである。そして南北戦争（1861〜65年）と普仏戦争（1870〜71年）等が、航空機が実戦に於いて利用された最も初期の例（気球による上空からの偵察・着弾観測）として紹介されている（第1章）。これらは、浮力で飛行する軽航空機（気球や飛行船）の場合である。翼が発生させる揚力で飛行する重航空機は1907年にフランスで軍用配備が始まり、翌年には日本を含む列強各国が配備するようになったが、軽航空機と同様に当初期待された主な任務は偵察・連絡であった。このように軍での配備が進んだ航空機が、初めて航空爆撃を行うのが伊土戦争（1911〜12年）の時である*3。航空機が「エア・パワー」として機能するのは、この時に始まると言えよう。もっとも無人の小型風船に爆弾を付けたものによる爆撃は、第一次イタリア独立戦争（1848〜49年）でオーストラリア軍がベネチアに対して行っている*4。続いて、第一次大戦中の航空機の技術面・用兵面での発達を振り返る（第2章）。この時期の大きな変化は、戦場が三次元空間に広がったことである。偵察・着弾観測・航空爆撃のいずれも、上空に位置する航空機にとって対象は二次元平面である。しかし第一次大戦では航空機同士の空中戦が始まったことで航空機にとっても、そして航空機を迎え撃つ二次元平面上の陸海軍部隊にとっても、三次元空間が戦場となった。ただしソンムの戦いに見るように、この時期のエア・パワーには未だ戦闘の行方を決定するだけの力はなかった*5。第一次大戦が終了すると（一部は大戦中から始まっているが）、エア・パワーの理論的考察と組織の拡充、さらには運用面での改善やドクトリンの構築が行われた（第3、第4章）。クレフェルトはトレンチャード、ミッチェル、ドゥーエ等当時の理論家を「エア・パワーの預言者たち」と呼ぶ。事実、戦間期の航空機は兵器としては未だ発展途上であり、戦略爆撃と近接航空支援

のいずれを重視するかという違いがあるにせよ、「理論の対象」というよりも「預言の対象」に近かったかも知れない。結果として戦間期の航空技術の発展は、「預言者たち」の期待を裏切ることは無かった。この間に英独伊では独立した空軍が設立され、日米英では空母の運用が始まっている。なお戦間期に「エア・パワー」の運用について経験を積む機会に最も恵まれていたのはソ連であったが、当時のソ連にはそれを有効に活用する政治的・軍事的環境が整っていなかった。

　第2部は第二次大戦を対象とするが、この戦争においてエア・パワーは戦争の行方を左右する力を発揮するようになる。ここではその様相を、大きくエア・パワーの任務と航空機の生産と技術開発に分けて述べられている。さらにエア・パワーの任務については、欧州戦線での変遷と太平洋戦線のそれぞれについて論じられている。第2部の初め（第5章）では、欧州戦線におけるエア・パワーの任務変遷の前半部分を扱っている。初戦においてドイツのエア・パワーは機材の性能と運用面で、フランスやソ連を圧倒していた。英国も防空網の構築は辛うじて英国本土航空戦に間に合ったものの、トレンチャード（英国空軍参謀長：1918年、1919～30年）の戦略爆撃重視の思想により、戦闘機軍団整備の優先順位は下げられていた。続いて航空機の生産・技術革新について述べてられており（第6章）、ドイツの技術面での相対的優位性の喪失とソ連の台頭が指摘されているが、これは第2部の後半を通じてクレフェルトの基本的な視点となっている。続く第7章では、第二次大戦で既にみられたエア・パワーの勝利への貢献に対する過大評価への戒めと、運用・維持経費の高騰が招いたエア・パワーの使い勝手の悪化に触れているが、これは戦後のエア・パワーの凋落を暗示している。なお第8章は太平洋戦線の記述に充てられており、戦争期間中の航空関連の技術革新における日米間の格差の具体例が繰り返し紹介されている。

　第3部は第二次大戦以降のエア・パワーの歴史を扱うが、それはエア・パワー凋落の歴史でもあった。第二次大戦で戦争の行方を左右したのはエア・パワーであったが、戦後にはこの機能は核兵器に移った（第9章）。他方で第二次大戦後には、ジェット機とヘリコプターという2つの技術革新を迎えた（第10章）。これらは以前から試作や実用化が始まっていたが、戦後になると本格的に運用されるようになった。しかしいずれも製造経費は勿論のこと運用・維持経費の上昇が不可避となり、これがエア・パワーの衰退の遠因となった。この他に第二次大戦後のエア・パワーを特徴付けるのが、ミサイ

ル・人工衛星と無人機（UAV）である（第11章）。ミサイルは核兵器を搭載することでトレンチャードの思想を従来とは異なる形で実現することになり、また人工衛星が提供する情報は軍隊の運用のみならず安全保障政策遂行に不可欠となっている。そして UAV の導入は、エア・パワーの価格高騰の問題をある程度緩和させる効果をもたらした。第3部の最後では、米軍のドクトリンや軍事小説に描かれた近未来の戦争の様相が紹介されている（第12章）。ここでも戦争の行方の鍵を握るのは核兵器であり、エア・パワーの影は薄くなっている。

　第4部では第二次大戦以降、小規模戦争においてエア・パワーが果たした機能を、第3部とは異なる観点でとらえている。もっとも第4部においても、エア・パワーの凋落は歴史的な宿命として描かれている。まず朝鮮戦争や中東戦争等の実際の戦争の場面で、エア・パワーが果たした役割を振り返る。初めに空母艦載機の活動を（第13章）、続いて陸上航空部隊の活動に関して事例を紹介する（第14、第15章）。陸上航空部隊の活動を紹介する部分では、中東を戦場とする例が詳しく述べられているが、これは著者のクレフェルト自身に土地勘があるせいであろう。エア・パワーの構築には、その時々の最先端の技術が投入されている。しかし意外なことに第一次大戦から中東戦争に至るまでは、航空戦の勝敗を決定付けるほどの技術格差は存在しなかった（第16章）。交戦国間のエア・パワーの技術格差が明瞭となるのは湾岸戦争あたりからであり、エア・パワーの果たした役割は決して小さいものではなかった。もっともこれらの戦争（湾岸戦争、コソボ紛争、イラク戦争）では、エア・パワーのみで戦争の最終目的を達成することは出来なかった。この理由としては、米国や NATO が有するエア・パワーの技術はあまりにも高度なものとなってしまい、中東やバルカン半島での戦闘には却って不向きとなってしまったことが挙げられている。本書ではこれを、「場違いの戦力」と表現している*6。

　第1～4部で扱ってきたのは、「正規軍を対象としたエア・パワーの歴史」である。しかしその一方で、エア・パワーは非正規軍も相手にして来た長い歴史を有し、近年では非対称戦闘にも投入されている。第5部では、このようなエア・パワーの歴史を19世紀末に遡って論じている。エア・パワーはその登場当初から内乱鎮圧等に動員されたものの、それほど効果は上がらなかった（第17章）。そして第二次大戦ではエア・パワーは戦争の行方に大きく影響を与えるだけの存在となるが、同時期であってもゲリラやパルチ

ザンを相手とする不正規戦ではエア・パワーはそれだけの力を持たなかった。第二次大戦以降には正規軍同士の戦いでエア・パワーの効力は低下する一方、不正規戦においては依然として勝敗を決する力を持つことは無かった（第18章）。その具体例として、まずヴェトナム戦争が挙げられている（第19章）。ただしこれはエア・パワーを構成する航空機の問題ではなく、政治的な環境（国際政治上の配慮に基づく制約）や官僚的な指揮命令系統の構成（ヴェトナム上空で行動する米海軍機は現地司令部ではなくハワイにある司令部の統制を受けていた）に原因があった。またヴェトナム戦争後にエア・パワーが効果を上げなかった例として、ローデシア紛争（1964～79年）、ソ連のアフガニスタン侵攻とその後の紛争（1979～89年）、レバノン内戦（1982～2000年）、アフガニスタン紛争（2001年～）、イラク戦争と安定化作戦（2003～11年）等で挙がっている（第20章）。これらにおいては当初の軍事作戦ではエア・パワーはそれなりに効果を上げたものの、その後の掃討作戦に移行した段階ではエア・パワーの限界が露呈した。

以上、本書の主な論点を概観したが、これからも分かるようにクレフェルトはエア・パワーの将来について、費用対効果の点（価格が高騰していることと非対称戦においては不釣り合いな兵器であること）から悲観視している。ただしこのようなエア・パワー観は、必ずしも他の研究において共有されているわけではない。ランベス（Benjamin S. Lambeth）は、エア・パワーがもたらすインテリジェンス・監視・偵察能力に注目し、これらは将来非対称戦においても地上軍に対して重要な情報を提供するとしている*7。一方でメイツェル（Matitiahu Mayzel）は、平地における非対称戦ではエア・パワーは現在でも有効であるが、丘陵地帯ではその効果は薄いと主張する*8。ただしメイツェルも平地での非対称戦においてエア・パワーが有効であるとするものの、その際には敵に関する情報は地上部隊から提供されること、そしてエア・パワーの行使により軍人の死傷者を減らすことは出来たが、民間人を多く巻き添えにするという政治的な代償を指摘している。さらにセイビン（Philip Sabin）は、エア・パワー至上主義者が想定するほど容易にエア・パワー大国が勝利することはないとしても、エア・パワー大国が戦争に敗れることは無いと論じている*9。軍事的弱小国が非対称戦で大国と対峙するには、広く国民に対して高い士気の維持と訓練の実施等を求める必要があり、これは戦争の極限部分においてのみ達成可能であるためである。加えてエア・パワーの経費の問題は、単純な話ではない。単に機体単価や整備費用

だけではなく、兵器システムとして高度になれば部隊全体の情報指揮通信システムの更新が必要となり、搭乗員や整備士等の訓練や技量の維持も高価なものとなる*10。また外部要因として航空機産業そのものの体質が、近年におけるエア・パワーの高価格体質と深く関わっている。サンドラーとハートレー（Todd Sandler and Keith Hartley）の分析によれば、航空機は防衛装備品の中でも生産における量産効果が現れ難いものに属する*11。

　それではなぜクレフェルトは、エア・パワーの将来を悲観視するような結論に至ったのであろうか。彼自身はこの点について、最終章で「他の研究とは違ったアプローチをとった」ことを理由に挙げている*12。つまり本書の分析は単に固定翼機に留まることが無く、熱気球から始まり回転翼機やロケットまでもが対象となっている。さらにはエア・パワーが関わる戦争としても、正規軍同士が通常兵器で戦う伝統的なものから核戦争や非対称戦までが言及されている。この結果エア・パワーは、「増大するコスト、技術的イノベーションのペースの低下、そして最も標準的なタイプの戦争における実用性の低下」に直面していると結論付けている*13。このようなエア・パワーの中長期的な凋落観、特に前者についてはクレフェルト以外にも見出すことができる*14。その一方、「エア・パワーの凋落」が意味するところを少し吟味してみる必要もありそうである。つまり「エア・パワーの預言者たち」は、エア・パワーを戦争に勝利するための十分条件として見たのであろう。確かに第二次大戦での米英によるドイツや日本に対する戦略爆撃は、それだけで相手の継戦能力を奪い戦争に勝利することが可能であった。つまり本書の主張は、第二次大戦以降エア・パワーはこのような十分条件を満たさなくなったということである。しかしエア・パワーは、引き続き戦争遂行のための必要条件であり続けると思われる。高価格で高性能な戦闘機・爆撃機は多くの戦場において費用対効果を満たすのは困難となるが、非対称戦においても安価であり小型で且つ三次元空間を行動可能な兵器（必ずしも有人である必要はない）は寧ろこれまで以上に必要とされるし、それに向けた新しい技術開発も進んでいる。ただしその運用は、空軍に限られるわけではない。こう考えると、現在は「伝統的な（十分条件としての）エア・パワー」の凋落期を迎えているだけであり、我々は今後「新種の（必要条件としての）エア・パワー」の勃興期を迎えるのかもしれない。マクイザク（David MacIsaac）が、「航空戦の分野において将来動向ほど不明確なものはない」と書いたのは1986年である*15。それから30年経った現在においても、十分

条件であれ必要条件であれ、エア・パワーの将来動向が不明確であるという状況は基本的に変わっていない。

なおクレフェルトは本書の最終章で、空軍文化の変化にも触れている。つまりかつて空軍は男性的で勇猛果敢な組織文化を誇っていたが、核兵器の拡散と女性兵士の入隊が契機となって、1980年代よりその伝統を失うようになったとする。類書には見られない珍しい観点ではあるが、クレフェルトが住んでいるイスラエルは女性にも徴兵制が適用されており、そのため彼自身が女性兵士の存在とその戦争文化への影響について深い関心を有しているものと思われる*16。もっとも彼によるとこれは空軍に限ったことではなく、他の著書の中では軍隊全体が女性兵士の増加そのものによって伝統を喪失したと述べている*17。彼の主張によると女性を意識することで男性が軍隊や戦争の文化を形成してきたのであり、身体的に男性に比べて軍隊に不向きな女性兵士の増加はその伝統を希釈させる。クレフェルトはこの傾向について、肯定的には捉えていない*18。もっとも女性兵士の増加は、新しい戦争文化が形成される契機となり得るかもしれない。この点はエア・パワーの将来動向と同様、現時点では不明確であると言えよう。

*1 マーチン・ファン・クレフェルト著、源田孝監訳『エア・パワーの時代』芙蓉書房出版、2014年、147頁。
*2 Bernard Brodie, *Strategy in the Missile Age* (Santa Monica: The RAND Corporation, 1959), pp.107-108.
*3 クレフェルト『エア・パワーの時代』36頁。
*4 田中利幸『空の戦争史』講談社現代新書、2008年、12〜13頁。
*5 クレフェルト『エア・パワーの時代』72頁。
*6 同上『エア・パワーの時代』408頁。
*7 ベンジャミン・ランベス「二一世紀におけるエア・パワーの役割」石津朋之・ウィリアムソン・マーレー共編著『21世紀のエア・パワー:日本の安全保障を考える』芙蓉書房出版、2006年、231〜232頁。
*8 マティティアフ・メイツェル「新しい戦争の時代におけるエア・パワーの役割」石津朋之・ウィリアムソン・マーレー共編著『21世紀のエア・パワー:日本の安全保障を考える』芙蓉書房出版、2006年、267〜268頁。
*9 フィリップ・セイビン「弱者にとってのエア・パワー」石津朋之編著『エア・パワー:その理論と実践』芙蓉書房出版、2005年、305頁。
*10 ロン・ノルディーン著、高橋赳彦監訳・繁沢敦子訳『スミソニアン 現代の航空

戦』原書房、2005年、470頁。
* 11 Todd Sandler and Keith Hartley, *The Economics of Defense* (Cambridge: Cambridge University Press, 1995), pp.124-126.
* 12 クレフェルト『エア・パワーの時代』509頁。
* 13 同上523頁。
* 14 例えば永末聡「クラウゼヴィッツの戦略概念とエア・パワー」清水多吉・石津朋之編著『クラウゼヴィッツと「戦争論」』彩流社、2008年、335頁。
* 15 David MacIsaac, "Voices from the Central Blue: The Air Power Theorists," Peter Paret ed. *Makers of Modern Strategy* (Princeton: Princeton University Press, 1986), p.647.
* 16 Martin van Creveld, *The Culture of War* (Stroud: Spellmount, 2009), pp. 395-409.
* 17 Martin van Creveld, *The Transformation of War* (New York: Free Press, 1991), p.179.
* 18 女性と戦争文化に関するクレフェルトの見解については、石津朋之『大戦略の哲人たち』日本経済新聞社、2013年、249～250頁も参照。

書評

税所哲郎著
『中国とベトナムのイノベーション・システム
―産業クラスターによるイノベーション創出戦略【第2版】』
（白桃書房、313頁、2014年、本体 3,300円）

山田　敏之

本書の主題

本書は、アジアの新興国として、ダイナミックかつ積極的、活発に展開されている中国とベトナムにおけるイノベーション・システムについて、産業クラスター戦略の視点から考察するものである。背景にある本書の問題意識は次のようなものである。これまで我が国では、経済産業省による「産業クラスター計画」や文部科学省による「知的クラスター創成」等の政策が各地で推進されてきたが、全体的な国家戦略ビジョンとしての産業クラスター戦略を推進しているとは言い難く、地域振興あるいは地域活性化にさえ発展しておらず、イノベーションの創出に発展している地域が見られないという現状がある。一方、中国やベトナムでは、産業クラスター戦略が地域のダイナミックな変革や成長につながっている。そこで、中国やベトナムにおける産業クラスター戦略の実態と課題を解明することで、我が国の今後の産業クラスター戦略によるイノベーション・システムの在り方を探求するという本書の主題が提示されるのである。

本書の分析枠組みは産業クラスター（戦略）である。筆者は産業クラスターの概念について、ポーターによる「ある特定集団に属し、相互に関連した、企業と機関からなる地理的に近接した集団」という定義を基に、「特定分野における関連企業、専門性の高い供給業者、サービス提供者、関連業界に属する企業、関連機関（大学や研究機関、業界団体、政府・自治体等）が地理的に集中し、競争しつつ同時に協力している状態」で、それぞれの組織がwin-winの関係を構築することと規定している。

さらに、産業クラスターと産業集積、ネットワーク組織との違いに注目しながら、産業クラスターの特徴として、以下のような4項目を提示する。

（1）企業を中心とした産業集積だけでなく、大学や行政、研究、推進機関等の関連機関を幅広く含む。
（2）協調的なネットワーク（連携関係）だけでなく、競合関係を含む。
（3）コスト削減メリットよりも、知識を活用してシナジー効果（イノベーションの促進）を求める。
（4）イノベーションによる自己組織的発展が可能である。

　また、本書の方法論的な特徴は、筆者による現地調査から得られたデータを基盤に考察が進められている点にある。筆者は2006年11月1日（日）〜11月16日（金）の「川崎市・北京中関村地区ビジネス交流ミッション」で初めて中国を訪問し、2007年11月11日（日）〜16日（金）の JETRO「ベトナム投資・ビジネスミッション」で初めてベトナムを訪問して以来、1年間に複数回、中国とベトナムを訪問し、両国の各産業クラスターや行政機関、日系・欧米系等を含む中国・ベトナム進出企業、およびローカル企業等の現地調査（関係者へのインタビューやアンケート等）を実施している。

　本書は次節で述べるような構成と内容からなっている。以下、各章ごとに内容を紹介し、最後に評価として、本書の貢献および今後の課題について触れることにしたい。

本書の構成と内容

本書の章立ては下記の通りである。

序章
第1章　北京・中関村科技園区における産業クラスター戦略
第2章　中国のデジタル・コンテンツ分野における産業クラスター
第3章　中国・天津エコシティにおける新たな産業クラスター戦略
第4章　LL 事業による日中の地域間連携と環境分野の産業クラスター戦略
第5章　ベトナムにおけるオフショアリング開発とソフトウェア・ビジネスの戦略
第6章　ベトナムにおける日本語教育と日系ビジネスの人材育成の戦略
第7章　ベトナムのハノイ・ホアラック・ハイテクパークにおける産業クラスター戦略
第8章　ベトナムのソフトウェア・ビジネスにおける産業クラスター戦略
第9章　新横浜のIT分野における産業クラスター戦略

第1章では、中国で最も伝統と実績のある代表的な産業クラスターである中関村科技園区（以下、Z-Park）を取り上げ、その発展と戦略の内容、課題について考察している。Z-Parkの産業クラスターとしての特徴は、ハイテク企業や大学、研究機関等の単なる集積ではなく、公的な支援を中心とする様々な起業支援体制（優遇措置）が整備されている点にある。その上で、①人的資源戦略、②租税戦略、③財政戦略、④土地戦略、⑤産業振興戦略、⑥研究と企業管理戦略という6つの側面から個別戦略が詳細に述べられる。最後に、中関村科技園区における課題として、①都市インフラに関する課題、②資金循環に関する課題、③人的資源に関する課題、④ビジネス・インフラに関する課題、⑤ハイテク・高技術に関する課題、が提示される。

　第2章では、ハイテク産業分野の振興と人材育成、技術移転に注力している浙江省・杭州のデジタル・コンテンツ産業におけるクラスター戦略の実態と課題について考察している。杭州国家高新技術産業開発区（杭州ハイテクパーク）は、アニメ、漫画、ゲームを中心としたデジタル・コンテンツ分野に関する産業クラスターである。杭州ハイテクパークでは①税制、②補助金、③環境整備の3項目から優遇政策が実施されデジタル・コンテンツ産業の推進が展開されている。杭州における競争上の優位性については①民営企業の創業活力第一と評価されるビジネスを展開しやすい、②学園都市の設置による人材供給と産学共同の促進に有益、③自然資源に乏しいために新しい技術に対する吸収性がある、④杭州市政府の全面的なサポートを受けられる、⑤デジタル・コンテンツビジネスについて密接に関連する産業分野であるソフトウェア産業が発達している、⑥観光都市として海外との交流が盛んで文化や人材を受け入れられる、という6点が挙げられる。これら競争優位を活かしながら①製作の事前許可制度の導入、②アニメ専門チャネルの創設、③放映時間における内外比率の設定、④動漫産業基地と教学研究基地の設立といった形でデジタル・コンテンツ産業政策の転換の実態が示される。最後に、デジタル・コンテンツ産業の課題として①独自ブランドの確立、②アニメーション制作の品質、③国際動漫節のグローバル化、④デジタル・コンテンツ産業の人材不足の諸点が提示される。

　第3章では、中国初の国家レベルの大規模環境都市プロジェクトであり、そのプロジェクトの実践を展開している産業クラスター戦略である天津エコシティの発展と戦略の内容、および課題について考察している。天津エコシティの産業クラスター戦略は、国家動漫園、生態産業園、生態科技園、国家

影視園、情報産業園の5つのサブ・エリアにおいて、機能分散させて展開されている。天津エコシティでは①共通支援政策、②ハイテク企業、③研究開発機構、④科学技術サービス業という優遇政策が示される。最後に、天津エコシティにおける産業クラスター戦略の課題として①投資資金の課題、②起業化（創業）の課題、③未知数開発の課題、④労働力確保の課題、⑤環境基準無視の課題といった点が指摘される。

　第4章では、LL事業による地域間連携からイノベーションを創造する具体的な事例として、川崎市と北京市における環境への取り組みによる産業クラスター戦略の実態、および地域間連携による地域連合産業クラスター戦略の推進の実態と特徴、その課題について考察している。LL事業（ローカル・トゥ・ローカル産業交流事業）による日中の地域間連携における支援内容は①海外基礎調査、②海外出張調査、③ミッション派遣、④有識者招聘、⑤有力企業招聘の5つに大別される。川崎市と北京市の地域間連携は、IT、電子機器、電気・機械設備、化学、バイオテクノロジー、材料・素材、エネルギー等の、ハイテク技術やものづくりの複合的な領域で行われている。川崎市からの環境産業ミッションの派遣により、中国関連企業とのビジネスマッチングを実施し、CDM取引や環境モニタリングの分野で具体的なビジネスへと展開し、産業交流の次への展開につなげる契機ともなったとして、一定の実績も認められている。一方、最新技術を導入する場合、中国では地方保護主義や機構上の欠陥、行政執行が弱いこと、刑事訴訟を行う際の高い基準、知財関係の行政スタッフの専門性の欠如、軽い罰則等の知的財産の運用に関して、執行・運用面での問題点が大きいといった課題も存在することが示されている。

　以下、考察の対象はベトナムに移行する。第5章では、ベトナム・ホーチミンにおけるIT産業に注目し、特に情報システム会社のソフトウェア開発の実態、および情報システム業務におけるソフトウェア開発の海外アウトソーシングであるオフショアリング開発の現状、ソフトウェア・ビジネスの課題に関する考察が行われる。ベトナムIT産業の特徴として、政府主導であること、情報システム会社は5大企業による寡占状況にあること、北部ハノイと南部ホーチミンに産業が集積していることといった点が指摘される。オフショア開発の発注先として日本をソフトウェア輸出の最重要国としているものの、以下のような課題も浮き彫りにされる。例えば、日本語能力の不足、海外発注のオーバーヘッドの発生、知的財産や品質管理に対する意識や

認識が不十分で管理困難、発注先のスケジュール管理や技術力が未知数、日本との取引を理解していない、異文化を理解するのに時間がかかる、インフラ整備が必要、SE の人材規模が小さい、情報システム会社のほとんどが100人以下の小規模・零細規模企業のため、大規模な案件を受注することが困難、大型のプロジェクト管理ができない、若いエンジニアが多く経験が浅い、90％がプログラマーレベルで上級エンジニアやマネジメント層が不足、個人主義が強くチームワーク性が良くない、小型・仕様確定案件の委託開発に向く、開発下流工程の受託が主体で上流工程の実績がないこと等が挙げられる。

　第6章では、ベトナムで対日ビジネスを展開する上で重要となる社会科学と文化、情報技術を含む工学技術等を融合させた日本語教育、日系ビジネスの推進に関して学校教育以外の社会教育機関における人材育成の現状と課題について考察している。ベトナムの社会教育の設置主体は民間機関が多いため、技術やビジネス等の実際の社会と結びついた日本語教育を展開している点が大きな特徴として示される。例えば、社会科学と工学技術、情報技術を融合する教育、日本の文化とビジネスを融合する教育、日本への留学、就職支援の教育、日本語教育ネットワークの形成を目指す教育等の形をとる。これらの考察から、日系ビジネス人材教育の課題として、適切な教材の不足、教育を行う施設・設備が不十分というインフラの問題、教材や教授法に関する情報の不足や教師数の不足、日本語能力の不十分さといった教育を提供する側の質の問題が指摘される。

　第7章では、ベトナム政府が積極的に産業クラスターを推進しているハノイのハノイ・ホアラック・ハイテクパーク（以下、HHTP）における産業クラスター戦略の実態と課題について考察している。まず、HHTP の特徴として、単なる企業集積だけでなく、大学・研究施設、政府・行政機関、金融機関の各種団体を集積させてイノベーションの創出に向けた環境の構築、提供を行っている地域であることが示される。次に、HHTP のエリア戦略として①研究・開発ゾーン、②ハイテク産業ゾーン、③ソフトウェアパーク、④教育・トレーニングゾーン、⑤中央エリアゾーン、⑥居住・オフィスゾーン、⑦アメニティゾーン、⑧その他のゾーンに分けて概要の説明がなされる。さらに、HHTP の社会基盤戦略として、①インフラ戦略、②研究開発戦略、③海外投資戦略の3点から考察がなされる。これら基本的な戦略の理解を踏まえ、HHTP のイノベーションの特徴として、産業クラスター戦略によるイノベーションの創出では、単なる新技術・新サービスを生み出すだけでな

く、社会的意義のある価値を創造し、社会的に大きな変化を引き起こすことを最終的な目標としていることが示される。最後に、HHTPの課題として①集積組織の課題、②都市インフラの課題、③資金循環の課題、④ビジネスインフラの課題の4つが抽出される。

第8章では、ベトナムにおいてITサービス産業に特化した産業クラスター戦略を推進しているホーチミンのソフトウェアパークの実態と課題を考察している。まず、ベトナムのソフトウェアパークの産業クラスター戦略を「地域開発型」と「オフィス集中型」に大別する。前者の例としてクアン・チュン・ソフトウェア・シティ、後者の例としてe.townが取り上げられ、概要の説明がなされる。地域開発型のメリットは、企業だけでなく、大学、研究機関、行政機関等の関連するITサービス産業分野における各種組織の集積が行われており、地域におけるイノベーションの創出が行われやすいこと、広大な敷地を要するため、入居企業に対して安価な代金で土地賃貸、土地購入を提供できることが指摘される。デメリットとしては、ホーチミン市内から離れた郊外に立地しているため、IT関係労働者の確保が困難である点が挙げられる。一方、オフィス集中型のメリットは、市内の中心部に立地しているため人材の確保がしやすいこと、デメリットはビジネスに関する組織において企業のみが集積しており、大学や研究機関を巻き込んだイノベーション創出ができない点が挙げられる。

第1章では、IT関連企業の集積がみられる新横浜ITクラスターにおける戦略の実態と課題を考察している。まずは、新横浜ITクラスターの概要として、新横浜の地理的優位性、東京都心部に比べオフィス賃料が1/2から1/3程度であること、大型都市開発による利便性向上、新横浜の組織間連携活動による主な研究開発の成果が紹介される。次に、新横浜ITクラスター戦略の概要、歴史的展開等について、行政主体による「トップダウン型」の戦略プロセス（国際ITビジネス交流特区）と民間主体による「ボトムアップ型」の戦略プロセス（横浜ITクラスター交流会）の2つについて詳細な説明がなされる。それらを踏まえ、新横浜ITクラスター戦略の課題として①地域優位性の確立、②地域ネットワークの強化、③コーディネート機能の強化、④行政機関による産業振興の推進、⑤資金循環による産業振興の支援、⑥人的資源確立による経営支援の6点が指摘される。

本書の評価：貢献と今後の展望

　本書は、これまで我が国で展開されてきた多くの産業クラスター戦略がイノベーション創出に結びついていないという問題意識から、現在、世界経済の中でプレゼンスを急激に上げている中国、20年にわたり堅調な経済成長を続けるベトナムというアジアの新興国における産業クラスター戦略の実態と課題を把握することで、産業クラスター戦略の視点からみた我が国のイノベーション・システムの今後のあり方を模索しようとするものであった。

　本書のメッセージを一言で要約するならば、イノベーション・システムを活性化し、社会的に意義のある製品・サービスを生み出していくためには、産業クラスター内部で生まれた科学的知見や発見の段階である研究の成果を起業（創業）まで結びつける、産業クラスター内の主体間のダイナミックな相互作用とそのような相互作用を生み出す、強力かつタイミングの良い支援、優遇制度の構築が必要ということである。

　本書の大きな特徴として、丹念な現地調査から得られた一次データを基に議論が展開されており、単なる二次資料の貼り合わせではない、説得力あるインプリケーションが得られている点を指摘することができる。この点で、地域活性化のための政策立案を担当する政策担当者、中国やベトナムでビジネスを展開しようと試みるビジネスの担当者にとっても、本書で提示された中国、ベトナムにおける産業クラスターの実態と課題を把握することは自己の知識をより強固なものとする上で役立つものと思われる。

　また、中国、ベトナムのイノベーション創出のポイントを個別企業のイノベーション創造という個々の「点」のレベルではなく、産業クラスター戦略という「面」で把握しようとしている点も本書の貢献であろう。我が国企業の競争力、イノベーション能力の低下の一因として「自前主義」の問題が指摘され、オープンイノベーションの必要性が強調される傾向にある。オープンイノベーションを導く主体間の関係をどのように構築していけば良いのか、という点で本書の考察は多くのヒントを与えるように思われる。

　このような高い評価を行うことができる本書であるが、考察内容についてやや不十分と思われる点もいくつか散見された。最後にこれらの点について、今後の研究への期待という意味を込めて述べてみたい。第一に、分析が静態的な側面に留まっており、ダイナミックな側面にまで踏み込まれていない点である。本書での分析枠組みの中核はポーターの産業クラスターにある。このため、分析、考察も産業クラスター内の各主体の配置による特性、その配

書　評

置を背後から支える支援制度や優遇政策といった面が中心になっている。しかし、イノベーションの創出の源泉を深く探求するには、産業クラスターを形成する各主体、つまり企業（大企業、中堅・中小企業、ベンチャー企業）、大学・研究機関、政府・行政機関、金融機関の相互作用のプロセスにまで入り込んだ一層深い分析が必要になるだろう。今後は、各主体間の相互作用、とりわけ組織間学習、地域学習といった視点から主体間のダイナミックな相互作用のプロセス（競合と協調のプロセス等）がどのように展開し、そのプロセスの促進するためにはどのような要因が存在するのか（キーパーソンの動き、ソーシャル・キャピタル、地域特性等）、といった点までを視野に入れた分析が期待される。ただし、この点については著者も既に十分認識されており、序章部分でも触れられていることを付け加えておきたい。

　第二に、日本、中国、ベトナムの産業クラスター戦略の比較分析がやや不十分な点である。我が国の産業クラスター戦略については、主に第9章の新横浜での成功事例が挙げられているが、やはりこれまでの産業クラスター戦略の失敗の原因についても言及されるべきであろう。また、中国、ベトナムの産業クラスター戦略については、代表的な事例を挙げて個々に実態と課題が詳細に分析されているが、全体のまとめとして両国の産業クラスター戦略の特性に関する比較分析は必ずしも明確には行われていない。各章は独立した内容を持つものであることは十分に承知してはいるが、中国、ベトナム両国の産業クラスター戦略の違い、そこから我が国として学ぶべきことは何か、という点をまとめた章が最後にあることが望ましい。これにより、読者としては著者の見解を実務等に活かす場合のインプリケーションを一層読み取り易くなると思われる。

　第三に、本書の学術的な貢献がやや分かり難い点である。産業クラスターやイノベーション・システムに関しても、多くの先行研究が存在しているが、それら先行研究と本書との関係、あるいは先行研究の中での位置づけは明確にされていない。例えば、分析枠組みとしての産業クラスターに関して、既存の概念を援用することの適否も議論、検討されるべきではないだろうか。さらに、現地調査から得られた発見事項を検討した上で、学術的な貢献として何が主張できるのかという点がより明確に示されていると、読者としては本書の学術的な意味合いを明確に把握することができるものと思われる。

　最後に批判的な見解を述べたが、これによって本書の価値がいささかでも揺らぐものではない。本書は丹念な現地調査を基に、我が国のイノベーショ

ン・システムの再構築という課題に向け、重要な示唆を与える良書と言える。

文献紹介

James Clay Moltz
The Politics of Space Security: Strategic Restraint and the Pursuit of National Interests, Second Edition
［宇宙の安全保障をめぐる政治：戦略的自制と国益の追求、第2版］
(Stanford, California: Stanford University Press, 383pp, 2011)

　宇宙空間は半世紀以上にわたり活発に軍事利用されてきた。偵察衛星をはじめとする様々な軍事衛星が開発され、地球上での軍事活動を支援するために用いられてきた。他方で、陸海空あるいはサイバー空間と異なり、これまで宇宙空間における戦闘は生起していない。対宇宙兵器・宇宙兵器の研究開発や実験、配備も限定的なものにとどめられてきた。
　本書は、こうした抑制的な対応を各国（特に米ソ）がとってきた背景を主として宇宙環境の特性から説明することを試みている。人類の活動領域の中で、宇宙空間は自己修復性に乏しい、最も脆弱な環境の一つであるといわれる。著者によれば、宇宙環境の脆弱性を認識するようになった各国は、安定的な宇宙利用を維持するために、宇宙環境を損なう恐れのある兵器の使用を自制する措置をとるようになった。この点、1962年に米国が大気圏外で実施した核実験は核爆発に伴う電磁パルスの影響に関して、また1985年と2007年にそれぞれ米国と中国が実施した衛星破壊実験は宇宙ゴミの脅威に関して、関係者の認識を変化させる重要な契機であったと著者は位置付けている。
　環境要因への関心は、近年一層の高まりを見せている。宇宙利用への依存が世界的に深化する中、深刻化する宇宙ゴミ等の問題に対処し、宇宙活動の持続性を維持することは世界的な課題となっている。この点、本書は非常に時宜を得た試みということができる。加えて、本書は1920年代から2000年代にいたる宇宙開発利用の歴史を丁寧に記述している。読者は本書を通じて宇宙開発利用の大きな流れを理解することができるだろう。
　ただし、記述の包括性を重視した故か、歴史記述における環境要因への言及は必ずしも多くない。また、環境要因が個々の政策決定にあたり、実際にどのような影響を与えたのかという点については、より丁寧な実証が必要であったように思われる。

（福島康仁）

赤木完爾、今野茂充編著
『戦略史としてのアジア冷戦』
(慶應義塾大学出版会、232頁、2013年、本体3,600円)

　本書は、序論とあとがきを除くと、3部構成になっており、8人の専門家がそれぞれ1章ずつ執筆した論文集である。戦略史を「パワーの行使やその脅威に関する歴史」と定義し、冷戦時代のアジアを取り上げている。
　第1章は、トルーマン政権期における、米国のソ連に対する脅威認識とソ連に対抗するための戦略の形成過程を考察している。
　第2章は、トルーマンからアイゼンハワーへの政権移行期における米国の心理戦略として、東南アジアに対する政策構想であるPSB D-23を分析している。
　第3章は、アイゼンハワー政権の「大量報復戦略」の中で、東アジアにおいて戦術核兵器がどのように位置づけられていたかを再検討している。
　第4章は、大戦後、大日本帝国の一部であった南朝鮮への米軍の進駐と統治の経緯と困難について分析している。
　第5章では、後の韓国軍となる朝鮮国防警備隊の有力者が旧満州国軍系であり、一方で、北朝鮮の人民軍の有力者が満州国におけるパルチザンであったことから、満州における治安戦と朝鮮戦争の連続性について考察している。
　第6章は、「Y委員会」に焦点を当てながら、日本の戦後の海上防衛力について分析している。
　第7章は、オフショア・バランシング論を用いて、トルーマン政権からニクソン政権における米国の戦略的行動を分析している。
　第8章は、「歴史から学ぶ」ということはどういうことかを論じた上で、「戦略と道徳」について正戦論を用いて論じている。
　本書で述べられているように、将来の戦略的課題に対処するためには、戦略を強く意識した歴史研究の蓄積が不可欠である。戦略論に対する理解が日本人研究者の間で広まれば、このような戦略史の研究がさらに活かされ、相乗的な戦略研究や戦略構築の発展につながるであろう。

(関根大助)

森本敏編著
『武器輸出三原則はどうして見直されたのか？』
(海竜社、391頁、2014年、本体2,800円)

　本書は、下記の参加者による座談会に基づく著作である。本書が武器輸出三原則問題を様々な視点から検証していることを示すために、煩瑣な印象を

与えるが、あえて参加者全員の名前と肩書を記す。
　　渡部恒雄（東京財団ディレクター(政策研究)・上席研究員）
　　岩崎啓一郎（経団連防衛生産委員会統合部会長代行）
　　及川耕三（元防衛大臣補佐官　元防衛庁装備局長・特許庁長官）
　　折木良一（元陸上幕僚長・統幕議長　防衛大臣補佐官）
　　金子将史（PHP総研　国際政策研究センター長兼主席研究員）
　　山崎剛美（ロッキードマーティン・オーバーシーズ・コーポレーション
　　　顧問元空将）
　　齋藤　隆（防衛省顧問　元海上幕僚長・統幕議長）
　　宮部俊一（前日本航空宇宙工業会常務理事　元空将補）
　　西山淳一（公益財団法人未来工学研究所研究参与）
　　長瀬正人（株式会社グローバルインサイト代表取締役社長）
　　村山裕三（同志社大学大学院ビジネス研究科教授）
　　今野秀洋（元経済産業審議官）
　　秋山義孝（前防衛省技術研究本部長）
　　加瀬　正（日本ロッキードマーティン社長）
　　ジェームス・E・アワー（ヴァンダービルト大学日米研究協力センター
　　　所長）
　　ケビン・メア（NMVコンサルティングシニアアドバイザー）
　肩書からわかるように、自衛隊、産業界、官界、学界等、防衛装備にかかわる現場、技術、産業、政治、外交等に精通している専門家が参集している。ただし本文中では、匿名になっており、だれの発言か、推測はできるがわからない。
　座談会は以下のようなにまとめられている。
　　第1章　武器輸出三原則は日本にとって、どのような問題があるのか
　　第2章　武器禁輸三原則とは何か。どのようにしてできたのか
　　第3章　日本の防衛産業が置かれている環境
　　第4章　F－35問題と武器輸出三原則の緩和
　　第5章　世界の武器輸出と共同開発はどうなっているのか。日本はどう
　　　すべきか
　　第6章　武器輸出三原則はどのように見直すべきなのか
　出版日(2014/3/13)を見てわかる通り、武器輸出三原則を見直した「防衛装備移転三原則」が閣議で決定される4月直前に出版されている。当然、「防衛装備移転三原則」についての言及はない。しかし、「防衛装備移転三原則」が取り上げている問題はほぼ議論されている。その上で、武器輸出三原則を見直したとしても、産業の衰退、技術の劣化や下請け化など日本の防衛産業が抱える問題が解消するわけではないことも真摯に議論されている。だからだろう、参加者の中には「平和主義」のブランドを毀損してまで見直

す必要はないと主張する者もいる。原則見直し以前に自衛隊、産業界、官界等がやるべきことは多い。

　本書を読めば、「武器輸出三原則」の見直しで日本は死の商人になる、あるいは防衛産業は安泰だ、などといった論が全く的外れであることがわかる。武器輸出の問題だけでなく日本の防衛産業が抱える根本的な問題について知ろうと思えば、忌憚のない現場の声が聴ける本書は必読である。

（加藤　朗）

久保文明編
『アメリカにとって同盟とは何か』
（中央公論新社、362頁、2013年、本体3,200円）

　日本では、アメリカ「との」同盟関係を論じた研究書は多数存在するが、同国「の」同盟関係を論じた研究書は少ないと言えよう。本書は、アメリカがどのような同盟関係を持ち、それらが同国の安全保障政策においてどのような意味を持つかを比較検討した上で、同国と日本との同盟関係を相対化することを摸索した研究書である。

　本書の各章を簡単に紹介すると、第1章の「アメリカ外交にとっての同盟と日米同盟」（久保文明著）では、米韓同盟や日米同盟、NATO などを取り上げ、アメリカにとっての同盟の意義や同盟国の価値について言及し、本書を通読する際の「一つの見取り図」が提供されている。第2章の「アメリカの外交的伝統・理念と同盟」（佐々木卓也著）では、アメリカの同盟概念の歴史的変容について同国の外交的伝統・理念に関連付けて述べられている。第3章の「超大国アメリカにとっての同盟」（石川卓著）では、理論研究に依拠し、現実のアメリカの同盟がどのように分類され、いかなる機能を果たしているのかが整理されている。第4章の「『理念の共和国』が結ぶ同盟」（中山俊宏著）では、政治・経済体制、政治的イデオロギー、国際秩序観、人権や人道問題に対する意識といった「価値」の共有を軸にして、アメリカの同盟形成過程が論じられている。第5章の「米国多国間同盟の中の NATO」（岩間陽子著）では、冷戦期の NATO と東アジアにおける二国間同盟の束及びアングロ・サクソン同盟の在り方と核抑止の意義を概観し、冷戦終焉後の NATO の変容について分析されている。第6章の「米英同盟と大西洋同盟」（細谷雄一著）では、「特別な関係」と称されている英米関係の歴史や現在の問題について、イギリス側の視点から述べられている。第7章の「米韓連合軍司令部の解体と『戦略的柔軟性』」（倉田秀也著）では、「局地同盟」であった米韓同盟が地域及びグローバルな次元に及ぶ「戦略同盟」と変容したことにより、両国間に軋轢を生じさせる懸念も変化した過程が分

析されている。第8章の「溶解する米台『非公式同盟』」(阿部純一著)では、米台の「非公式」な同盟関係の歴史を概観した上で、アメリカにとっての台湾の外交的・戦略的価値の変化を「同盟関係」の視点から明らかにされている。第9章の「同盟国を求めて」(池内恵著)では、第二次世界大戦後の中東地域において、アメリカが同地域での譲れない価値や国益を保持するために、その時々で新たな「代理人(proxy)」を摸索してきた過程が述べられている。第10章の「東南アジアにおける米国同盟」(福田保著)では、第二次世界大戦後の東南アジアにおいてアメリカが同盟より緩やかな提携関係を構築し、その多角化を追求してきた結果、同地域において「仮想同盟(virtual alliance)」が形成されつつある現状が述べられている。第11章の「米州の集団安全保障体制」(松本明日香著)では、アメリカ主導で創設された地域的な安全保障機構である米州機構を通じた同地域諸国との同盟関係とその限界が述べられている。第12章の「日本の安全保障政策と日米同盟」(神谷万丈著)では、「平和のために行動する意思」の欠如と「平和のために軍事力を『使う』意思」の欠如という戦後日本の安全保障政策の消極性が、冷戦後どのように克服されてきたのかについて、冷戦後の日米同盟の発展・深化の過程と絡めて分析されている。

　本書の執筆者は、安全保障やそれぞれの地域の専門家であり、各章が単独の論文としても十分に読み応えがある。一方で、「同盟」の定義が著者によって様々であり、「アメリカにとって同盟とは何か」との本書の「問いかけ」をやや曖昧なものにしているとも言えよう。また、この「問いかけ」に対する「解答」が本書を通読しても明示されていない。理論的な考察や各地域での事例分析を踏まえた結論となる章があっても良いのではないかと思う。さらに、「米国側からみた日本との同盟」について言及された章があれば、日本の安全保障政策を考察する上で、より深みのある分析に資するのではないだろうか。

　日米安保体制は「非対称」な関係にあり、同盟の「普通化」を実現させねばならないとの声を最近になって聞くことが多いように思う。しかしながら、本書を通読すると、アメリカと世界各国との「同盟」関係は、多かれ少なかれ非対称であり、同盟理論で定義されるところの一般的な関係というのが実は稀有であること、また、他国もアメリカとの関係において苦慮していることが理解できよう。日本の今後の安全保障政策を考えるうえで、アメリカのみに目を向けるのではなく、アメリカと関係を有する他国の模索を参考にすることは有用であろう。その第一歩として本書の通読をお薦めしたい。

(小川健一)

【訃報】
　戦略研究学会前副会長川村康之氏が2014年5月7日に逝去されました。謹んでご冥福をお祈り申し上げます。
　川村康之氏の略歴と主な業績をご紹介し、本学会戸部良一会長と杉之尾宜生監事の追悼文を掲載致します。

〈川村康之氏の略歴〉
1943年東京生まれ。1967年防衛大学校卒業（11期）。1983年ドイツ連邦軍指揮大学卒業。1986年防衛大学校助教授。1993年陸上自衛隊第4普通科連隊長。1995年防衛大学校教授。1999年法政大学大学院社会科学研究科修了、退官文官として防衛大学校教授。その後国士舘大学非常勤講師。元一等陸佐。
戦略研究学会発足後、常任理事、編集委員長、事務局長、副会長等を歴任。

〈川村康之氏の主な業績〉
■著書
『戦略論大系②クラウゼヴィッツ』（芙蓉書房出版、2001年）
『「戦争論」の読み方』（共著、芙蓉書房出版、2001年）
『図解雑学クラウゼヴィッツの戦争論』（ナツメ社、2004年）
『現代の国際安全保障』（共著、明石書店、2007年）
『クラウゼヴィッツと「戦争論」』（共著、彩流社、2008年）
■訳書
『非核化時代の安全保障』（共訳、パンリサーチ、1988年）
『現代戦略思想の系譜』（共訳、ダイヤモンド社、1989年）
『戦史に学ぶ勝利の追求』（監訳、東洋書林、2000年）
『戦争論〈レクラム版〉』（共訳、芙蓉書房出版、2001年）
『イギリスと第一次世界大戦』（訳、芙蓉書房出版、2006年）
『戦略の形成・下』（共訳、中央公論新社、2007年）
『平和はまだ達成されていない』（共訳、芙蓉書房出版、2008年）

川村康之先生のご逝去を悼む

戦略研究学会会長
戸部　良一

　本学会理事川村康之先生は本年5月7日逝去された。川村先生は本学会の創立者の一人であり、2001年の学会発足後、常任理事、編集委員長、事務局長、副会長等を歴任された。学会編集図書の企画でも主導的な役割を果たされ、「戦略論大系」シリーズでは『クラウゼヴィッツ』を担当し、あらためて原著からの翻訳を試みるとともに詳細な解説を執筆された。「ストラテジー選書」シリーズでは3冊の監修の任に当たられた。ドイツ留学（連邦軍指揮大学）で磨いた語学力を駆使し、ドイツと日本の軍制比較史やクラウゼヴィッツ研究の分野で多大の貢献をされた。

　1943年生まれの川村先生は私の高校の先輩で、防衛大学校に進み自衛官となられた。一般大学に行った私とは接点がないはずだったが、奇しくも防衛大学校教官として同僚となった。防大に総合安全保障研究科が設置され「戦争史」という科目をつくったとき、私は先生に担当教官の一人として加わっていただくことをお願いし、一緒に科目を担当することを通じて、先生の教育姿勢を直接目にする機会を得た。学生と一緒に真摯かつ謙虚に学ぶ先生の態度がとても印象的であった。論文指導でも、論文の欠点よりも長所を指摘し、それを生かすよう学生を励ます姿に、私は多くのことを教えられた。

　川村先生は、こちらがお願いしたことに、否と答えることがほとんどなかった。本学会の理事会や編集委員会で、誰も引き受けようとしないことを、「では、私がやりますか」と言って引き受けてくれるのは、いつも川村先生であった。裏方に徹しながら、学会の屋台骨を支えていたのは川村先生にほかならない。ここ2年ほど、ご体調が思わしくないということで、学会の役職からは退任されたが、退任後も、重要案件が生じると先生にご助言を求め、適切なご教示をいただくことが少なくなかった。その川村先生にアドヴァイスを求めることはもうできない。ご冥福を祈るばかりである。

戦略研究学会創設に貢献した故・川村康之理事

戦略研究学会監事
杉之尾宜生

　日本マンパワー会長の故・小野憲様の御提議で戦略研究学会を創設する準備の段階から故・川村康之理事（以下平素の呼び方"川村さん"を用うる）には、土門周平初代会長、芙蓉書房出版の平澤公裕社長とともに無償の尽力をお願いしたが、何時も大変な質と量の仕事を淡々とこなして下さった。
　学会発足前の企画として特筆すべきものに、『戦略論大系』の第１期全７巻のテーマと執筆者の選定作業があった。川村さんは自らも『②クラウゼヴィッツ』の執筆を快く引き受け、他のテーマと執筆者の選定に東奔西走して忍耐強く汗を流して下さった。
　学会発足と同時に川村さんには、常任理事として諸々の雑用を処理して頂いた。よちよち歩きながら学会創立に大きく遅れることなく『戦略論大系』シリーズを次々と刊行することができたのは、川村さんの隠れた辛抱強い尽力に負うところが大きかった。更に学会にとって生命線ともいえる学会機関誌『戦略研究』の編集委員会委員長として尽力頂いた。
　学会活動が軌道にのってくると大会委員長や事務局長、そして副会長などの要職にあって、常に進んで難局に立ち向かって頂いた。そのほか学会編集図書の企画に参画し、「ストラテジー選書」シリーズでは３冊を監修し、「翻訳叢書」では『イギリスと第一次世界大戦』の翻訳を担当して頂いた。
　学会活動での川村さんの想い出は数多く尽きないが、私は偶々防衛大学校において前後６年間、防衛学教室の戦史教官として戦略教官の川村さんと一緒に勤務したので、往時のエピソードを紹介しておきたい。
　川村さんは、「戦略論」の学生教育に携わるとともに、教務係、教官資格審査や教育体系検討の委員など面倒な職務を真摯な態度で淡々とこなしておられた。また数年おきに防衛学教室に招聘されていた海外からの客員教授の特別講義の通訳は、川村さんは率先して担当して下さった。サンディエゴ州立大学のアルヴィン・クックス教授、ロンドン大学キングス・カレッジ軍事史学科長のブライアン・ボンド教授、イスラエル国防軍戦史部長ベニー・ミハルソン大佐などの特別講義である。
　特にブライアン・ボンド教授とは、この特別講義の通訳が機縁となって著書 "The Persuit of Victory : From Napoleon to Sadam Fusein" を、東

洋書林から『勝利の追求―ナポレオンからサダム・フセインまで』として監訳刊行された。

また川村さんは健康には非常に留意して、昼休みは雨が降らない限り毎日テニスのプレイに興じておられた。学生の校友会課外活動にも熱心で、弓道部の部長として日々の練習にも熱心に参加指導し、合宿にも必ず同行し指導されていた。

川村さんは、陸上自衛隊から1等陸尉の時に西独連邦軍の歩兵学校に、2等陸佐の時に指揮幕僚大学校に留学していた縁で、後輩になる防衛大学校学生の夏季休暇を利用する「ドイツ研修ツアー」を毎年企画し、自ら引率し現地指導しておられた。

ベルリンの壁崩壊後、かって東独にあったクラウゼヴィッツの生家が博物館になり、その開館記念行事に参加される日本クラウゼヴィッツ学会の郷田豊会長、韓国国防大学校教授の李鍾学先生たちと混成の「防衛大生研修ツアー」に、私も特別に参加の機会を得てすばらしく佳き想い出をつくって頂いた。

先ずフランクフルト空港に到着すると、クライン孝子先生が出迎えて下さり、金融の中心街を案内して頂き、次の日はライン下りで古代中世以来の戦略要衝コブレンツを訪ね、ドイツ連邦軍の威勢の良い大尉の戦史的なガイドを受けた。もちろん川村さんの通訳で我々はナポレオン戦争後、クラウゼヴィッツが第8軍団参謀長として勤務したゆかりの土地の曰く因縁を堪能した。

1806年のイエナの会戦でナポレオンが、「余の辞書には"不可能"という文字はない」と言った故事のあるナポレオン・シュタインからアウエルシュタットを展望しながら、イエナ軍事博物館の館長の解説を川村さんの通訳で受けた。

クラウゼヴィッツの生まれ故郷ブルクにある壁崩壊以前は東独人民軍の駐屯地であったドイツ連邦軍のクラウゼヴィッツ駐屯地を訪問し、歓待を受け、同駐屯地内に宿泊させて頂いたが、コソボから帰還したばかりの第4後方兵站連隊長の辞で始まった歓迎パーティの終始を通じ、川村さんはドイツ語を解しない我々のための通訳に面倒がらずに専念して下さった。祝宴の最後の謝辞をドイツ語でよどみなく開陳する1等陸佐の制服姿の川村さんは、日本では感じなかった颯爽たる英姿として輝いて見えた。

クラウゼヴィッツの生家であった博物館でのドイツ・クラウゼヴィッツ会長ナウマン大将の歓迎の挨拶も、川村さんの通訳で拝聴させて頂いたことは言うまでもない。

ツアーの終始を通じて川村さんは、恰も旅行業者派遣の添乗員であるかのように後輩の防衛大学生たちの面倒をきめ細かく見ておられた。移動中のバスで立寄ったレストランに忘れ物をしたというトボケタ学生の訴えにも、顔色ひとつ変えず「ああそうか」と応え、臨機応変の対応をする川村さんの所作を傍観しながら、この人は生来の教育者なのだなと感じた。

　最後の夜、ベルリンのビアホールで、日本クラウゼヴィッツ学会の郷田豊会長、韓国の李鍾學先生、川村さんと4人でビールを楽しんだが、李先生が「折角4人が集まったのだから、クラウゼヴィッツに関する本を書きましょうよ」と提案され、ビールのコースターに目次体系をメモ書きされた。これが『「戦争論」の読み方』として、帰国後、芙蓉書房出版から刊行させて頂くことになり、川村さんが中心になって翻訳された『レクラム版「戦争論」』とともに並ぶことになった。

　川村さんは、咽頭ガンを克服されてから学会活動にも力を抜くことなく尽力されていたが、ガンが肺に転移してから約2年間、手術や放射線治療等西洋医学を選択されず、一切の薬物療法に依存しない自宅における自然療法に徹し、翻訳作業、国士舘大学大学院政治学研究科の安全保障研究の講義、海上自衛隊幹部学校の戦略教育などに焦点を絞り、逝去される直前まで生涯現役の信念を具現徹底された。川村さんは、戦略研究学会のほかに、日本クラゼヴィッツ学会の会長職を逝去されるまで全うされ、多くの若い後進のクラウゼヴィッティアンの育成に多大の貢献をなされた。御冥福を心からお祈り申上げたい。

★『戦略研究』第15号編集後記★

　『戦略研究』第15号をお届けします。今回は、「サイバー領域の新戦略」と題して特集を組みました。
　本テーマは、本稿を記している最中にも国際的なニュースとなっている、北朝鮮のものと思われるソニー・ピクチャーズにたいする北朝鮮ハッキングの件などからもわかるように、極めて今日的であると同時に、今後ますますその重要度を高めるであろう点で注目すべきものであることは明白です。
　さて、本テーマである「サイバー領域の新戦略」は、軍事系の戦略研究では陸・海・空・宇宙という4つの地理的な戦略次元につづく新たな「第5次元」として活発な議論が始まっております。1990年代から本格的に始まった情報通信革命を基礎においたわれわれの社会におけるインターネットへの依存度の高まりのおかげで、この「第5次元」は、その浸透度と普遍性の高さから、経営・軍事の両領域においてもすでに好むと好まざるとにかかわらず真剣に考慮せざるをえない構成要素の一つとなっております。
　従来の地理的な枠組みを超越しているように思えるこの新しい戦略領域は、そのグローバルで秘匿性が高く、比較的安価で、さらにはテクノロジーの発展のスピードとともに進むという特殊で全く新しい性格を兼ね備えていた点から、登場した当初からこの新しい現象をどう捉えればよいのかという根本的かつ哲学的な問いを常にはらむものでありました。本特集ではこのようなサイバー領域の特殊性、とりわけ既存の戦略とは異なるという意味での「非従来性」というものに焦点をあてて、何らかの示唆を得ることができるよう意図しました。
　本号では、共通論題として主に軍事系の視点を3編を掲載したほか、自由論題として3本を取り上げました。集まった論文は全体的に「非従来性」というキーワードで統一できるようなものばかりとなったのは意図せざる結果であります。まず加藤朗氏による巻頭論文「サイバー空間の安全保障戦略」では、サイバーセキュリティーの問題を多角的かつ全般的に概観されており、用語解説まで含んだ、コンパクトかつ中身の濃い内容となっております。この分野における国家の役割の小ささから近代国家の限界を示唆している点は注目すべきでしょう。
　次に、河野桂子氏の「サイバーセキュリティに関する国際法の考察」では、サイバー領域における国際的な取り決めを構築しようとする NATO の取り

組みについて、そのプロセスを追っています。米、ロ、そして中国など、サイバー領域における考え方の違いについての分析は、各国の世界観・戦略観の違いを浮き上がらせるとともに、この分野における国際的な枠組みの設定の難しさを表している点で興味深いものです。

　それを受けての論考であるトーマス・リッド氏の「サイバー戦争は起こらない？」は、非常に活発な議論を呼んだ海外論文の翻訳であり、クラウゼヴィッツが『戦争論』で展開した古典的な「戦争」の定義を参考に、「サイバー戦争」と呼ばれるものが将来にわたって本当に起こるものかという挑戦的かつ哲学的な議論を展開しております。

　自由論題では、「防衛省・自衛隊による非伝統的安全保障分野の能力構築支援」の中で、本多倫彬氏は防衛省の能力構築支援という新たな活動が、外務省が従来行ってきた国際協力活動と比較してどのように違うのかを、豊富な資料を元にして描きつつ、これが既存の非伝統的安全保障分野の政策を補完する意味合いが強く、しかもそれが長期的な取り組みを必要とするものであることを紐解いております。

　鵜殿倫朗氏の「オペレーションと製品の環境配慮」では、企業の経営者が、時代や環境の変化とともに顧客や消費者のような「第二者」ではなく、活動を行う社会の市民という「第三者」を意識せざるを得なくなり、主に環境という外的な要素を念頭においた「持続可能性」を意識する必要が出てきたとしており、その調和を図る存在として「変革型経営者」が求められることを、二つの認識モデル使用しながら分析しています。

　自由論題の最後を飾るのは横地徳広氏「アメリカ公民権運動の抵抗戦略」というユニークな切り口の論考です。ここではまず国際政治学者として名高いハーヴァード大学のジョセフ・ナイ氏の提唱しているパワー論を土台として、アメリカの公民権運動を主導したマーチン・ルーサー・キング牧師がいかに非暴力的抵抗を実施し、それを成功するに至ったのかを、「抵抗戦略」という概念を使いながら、軍事的でも経営的でもない、政治運動の分析に使っているという点でその着目点の斬新さを感じます。

　本号では昨年急逝された川村康之氏への追悼文を、いずれも生前から深いご親交のあった戸部良一氏（当学会会長）と杉之尾宜生氏（当学会監事）のお二方にそれぞれご執筆いただいております。川村元理事は本学会の創設メンバーとして中心的な役割を果たされており、あまりにも早い死は編集委員会のわれわれにとっても大きな悲しみであり、ご冥福をお祈りするばかりで

す。

　最後に、本号が充実した内容として刊行されたことを執筆者各位に深く感謝するとともに、今後の戦略分野における研究の一層の発展に寄与することを祈念して本稿を締めたいと思います。次号（第16号）は「危機・リスク・クライシス」という特集を予定しております。ご期待ください。

　平成27年1月

戦略研究学会　編集委員会

奥山 真司

戦略研究学会　編集委員会
　加藤みどり（委員長）
　　荒川　憲一　　江戸　克栄　　奥山　真司
　　小野　圭司　　加藤　朗　　　葛原　和三
　　鈴木　直志　　高井　透　　　三浦　俊彦
　　山田　敏之　　横山　久幸

『戦略研究』投稿規定・執筆要領　　（平成27年1月一部改正）

【投稿規定】
1．投稿できるのは、原則として本学会会員に限る。
2．原稿の種類と枚数は以下の通り。
　①論文・研究ノート
　　　　　　20,000字（400字換算50枚）以内。図表・註も含む。図表はＡ４判用紙半頁分＝500字と換算し、指定字数に含める。
　②書評　　8,000字（400字換算20枚）以内
　③文献紹介　800字（400字換算 2枚）以内
　　※「書評」「文献紹介」は原則として過去３年以内に刊行された学術文献を対象とする。
3．書き下ろし原稿に限る。また他誌への多重投稿は認めない。
4．論文・研究ノートには要約（800字以内）を添付すること。
5．原稿はWordまたは一太郎で作成すること。
6．原稿はE-mailに添付して送信するか、郵送すること。郵送の場合は、プリントアウト３部（コピー可）およびディスクを同封のこと。提出された原稿・ディスクは返却しない。
7．特集テーマおよび投稿締切日は、本学会ホームページに掲載する。
8．投稿の際、住所、氏名（ふりがな）、所属と職位、電話番号・E-mailアドレス等連絡先を明記した別紙を添付すること。
9．原稿の採否は、編集委員会が指名した査読者の査読結果を、編集委員会が総合的に判断して決定する。
10．掲載が決定した原稿の執筆者校正は原則として１回のみとする。校正は印刷上の誤り、不備の訂正のみに留めること。校正段階において著しい加筆や訂正があった場合、編集委員会の判断で掲載を中止する場合がある。
11．掲載された論稿に対する原稿料は支払われない。論文、研究ノートには抜刷20部を無料送付する。
12．原稿提出先
　　113-0033東京都文京区本郷3-3-13 戦略研究学会編集委員会
　　　　E-mail：gzc05476@nifty.ne.jp

【執筆要領】
1．原稿は横書きとし、使用言語は基本的に「日本語」とする。
2．審査過程での匿名性を保証するため、投稿者が特定できるような情報は記載しないこと（「拙著、拙稿」など）。また、謝辞などは掲載決定後の最終原稿で挿入すること。
3．図表は本文中に挿入せず別文書で作成する（挿入箇所を明示）。図表にはそれぞれ通し番号を付ける。また図表の横幅は110ミリ（仕上がり寸法）以内に収めるように作ること。他から図表を引用する場合は出所を明記する。また、権利者の許諾が必要な場合は投稿者が所要の手続きを行う。
4．章・節・項の区別はⅠ、1、(1)とする。
5．本文に初出の人名は原則としてフルネームとし、非漢字使用圏における人名はカタカナ表記した後、（　）にアルファベット表記を付す。
6．算用数字とアルファベットはすべて半角を用いる。
7．註および引用文献の記載方法については、下記の2つの方式のうちいずれかに準拠する。

（A）すべて本文末尾に記載する方式
1）日本語文献の表記は下記の例に準ずる。
＊1　赤木完爾『第二次世界大戦の政治と戦略』慶應義塾大学出版会、1997年、87頁。
＊2　デーヴィッド・マッカイザック「大空からの声――空軍力の理論家たち」ピーター・パレット編、防衛大学校「戦争・戦略の変遷」研究会訳『現代戦略思想の系譜――マキャヴェリから核時代まで』ダイヤモンド社、1989年、544頁。
＊3　赤木『第二次世界大戦の政治と戦略』248頁。
＊4　同上、250頁。
＊5　マッカイザック「大空からの声」108頁。
＊6　「米大統領、イラク駐留軍削減・撤退の道筋示す」『読売新聞』2005年12月1日。
＊7　西田恒夫ほか「座談会　国際情勢の動向と日本外交」『国際問題』第516号（2003年3月）9～10頁。
＊8　三枝茂智「聯盟六星霜の軍縮運動」『国際知識』第6巻第1号（1926年1月）44頁。
＊9　建川大使発松岡外務大臣宛、第596号（「第二次欧州大戦関係一件・独蘇開戦関係」外務省外交史料館所蔵）。

＊10 西田「座談会 国際情勢の動向と日本外交」11頁。
2）欧文文献の表記は下記の例に準ずる。
＊1 Michel Howard, *Studies in War and Peace* (London: Temple Smith, 1970), p. 156.
＊2 Daryl G. Press, "The Myth of Air Power in the Persian Gulf War and the Future of Warfare," *International Security*, Vol. 26, No.2 (Fall 2001), pp. 5-14.
＊3 Personal Minutes, Churchill to Portal, 27 September 1941, in Papers of Load Portal, folder 2c [hereafter PP, with folder number], Christ Church Library, Oxford.
＊4 Sir Charles Webster and Noble Frankland, *The Strategic Air Offensive Against Germany, 1939-1945*, Vol. 1 (London: HMSO, 1961), pp. 170- 180. [hereafter referred to as WF, with volume number].
＊5 Charles F. Brower; IV, "The Joint Chiefs of Staff and National Policy: American Strategy and the War with Japan, 1943-1945, "(Ph. D. Dissertation, University of Pennsylvania, 1987), pp. 209-210.
＊6 Phillip S. Meilinger, "Proselytizer and Prophet: Alexander P. de Seversky and American Air Power, "John Gooch, ed., *Air Power: Theory and Practice* (London: Frank Cass, 1995), pp. 17-19.
＊7 Henry R. Lieberman, "Freed American Tells of Drugging With 'Truth Medicine' in China," *The New York Times,* 12 July 1952, p. 1.
＊8 Howard, *Studies in War and Peace*, p. 150.
＊9 Entry for 10 July 1950, Stratemeyer Diary, File K720.13A, June-Octover 1950, Air Force Historical Research Agency, Maxwell AFB, Ala.; U. S. Department of State, *Foreign Relations of the United States, 1950.* Volume Ⅶ, *Korea* (Washington, D.C.: USGPO, 1976), pp. 240-241.
＊10 Brower; "The Joint Chiefs of Staff and National Policy", p. 201.
＊11 Minute, Churchill to Portal, 7 October 1941, 1-3, PP, folder 2c.
（B）文中に挿入する方式
1）引用文献を示す場合は、文中に、原田・萩原（2008）、あるいは、（原田・萩原, 2008）のように、著者名（姓のみ、同姓の著者を引用することがある場合は名も表記）、引用文献刊行年を記入する。
2）同一著者の同一刊行年の文献を引用する場合は、高井（2007a）、（高井, 2007b）のように区別する。
3）複数の引用文献を示す場合は、（原田,2003; Rennie, 1993; Knight and

Cavusgil, 1996)のように記入する。

4)本文末尾に引用文献のリストを下記の要領で記載する。なお、日本語文献と欧文文献を別のリストとし、日本語文献の場合は著者姓の50音順、欧文文献の場合は著者名のアルファベット順とする。

高井透(2008)「ボーン・アゲイン・グローバル企業の事業転換戦略」『戦略研究』6, 97-117.

高嶋克義編著(2000)『日本型マーケティング』千倉書房.

土屋守章(2006)「リーダーシップと戦略的思考法」『日本経営品質学会誌オンライン』1(1),3-10, 2007.4.25 アクセス, http://www.jstage.jst.go.jp/article/japeoj/1/1/3/_pdf/-char/ja/.

沼上幹(2009)『経営戦略の思考法』日本経済新聞出版社.

藤江昌嗣(2010)「ウェザーニューズのブランディング」原田保,三浦俊彦編著『ブランドデザイン戦略』2章, 芙蓉書房出版.

松本芳男(2008)『現代企業経営学の基礎』(改訂版)同文館出版.

Brown, S. L., and Eisenhardt, K. M. (1998). *Competing on the edge: Strategy as structured chaos.* Cambridge, MA: Harvard Business School Press.

Eisenhardt, K. (2002). Has strategy changed? *Sloan Management Review,* 43(2), 88-91.

5)引用文献以外の註を付ける場合は、本文末尾、引用文献リストの前に記載する。

戦略研究学会入会案内

1．設立趣旨（平成13年設立）

　第二次世界大戦後半世紀を過ぎた現在、我々は日常生活のなかで「戦略」という言葉を耳にする機会が多くなっている。「企業戦略」「経営戦略」「金融戦略」「マーケティング戦略」「人事戦略」「ＩＴ戦略」「戦略商品」等々、まさに百花繚乱で、その意味内容はきわめて広範かつ多義的であって、「戦略とは何か」について一定の理解認識を共有しているとはいえない。

　そもそも「戦略」という言葉は、語源的には軍事の分野に発祥したものであるが、日本では、この本来の意味との相関関係を十分検証しないまま、政治・経済・経営などの諸分野で「戦略」という言葉が濫用されている。（中略）

　戦略研究学会は、過去・現在・未来にわたる全地球的な戦略課題を社会科学的に研究し、「戦略学」の確立、質的向上を図るとともに、危機・戦争といった不確実、不透明な異常事態への日本の抗堪力、対応力の向上に貢献することで、既存の学会とは異なる使命を果たせるものと確信している。

2．会則（抜粋、平成15年4月27日改正）

第1条　本会は戦略研究学会と称し、英文名称は The Japan Society of Strategic Studies とする。

第2条　本会は、軍事・経営などにおける戦略研究を行い、その成果を普及することを目的とする。

第3条　本会は、前条の目的を達成するために以下の事業を行う。
①研究会②講演会③機関誌の発行④関係図書の発刊⑤関連研究団体などとの交流⑥その他、本会の目的達成に必要と認める事業

第4条　本会の会員及び年会費は以下の通りとする。
　①正会員　　本会の目的に賛同し、会費年額 5,000円を納める個人。
　②賛助会員　本会の目的に賛同し、本会の事業を援助するために会費年額
　　1口10,000円以上を納める個人。
　③特別会員　本会の目的に賛同し、本会の事業を援助するために会費年額
　　1口20,000円以上を納める団体・法人。
　④学生会員　大学・大学校の学生および大学院生で、本会の目的に賛同し、
　　会費年額 3,000円を納める個人。

第5条　会員になろうとする者は、入会申込書を提出し理事会の承認を得なければならない。

第6条　会員は次の事由により資格を喪失する。

①退会申出　②死亡　③2年以上の会費滞納　④本会の目的・趣旨に反した場合　⑤本会の解散

第7条　会員は、機関誌の配布を受けるとともに、本会のすべての行事に優先的に参加することができる。（以下略）

3．主な活動

◎年次大会（最近の5回分）

第8回大会（平成22.4.26）共通テーマ「戦略論の新潮流」◆［講演］戦略論の新潮流（加藤朗）／［講演］冷戦遺産としての環境外交と気候安全保障論の登場（米本昌平）／［シンポジウム］新たな戦略環境下における軍事力の役割（坂口大作・吉田真・西澤敦・源田孝）

第9回大会（平成23.4.24）共通テーマ「戦略的視点からの日中関係」◆［講演］戦略研究と歴史研究の対話―戦前日本の対中国戦略をめぐって（戸部良一）／［講演］胡錦濤政権の外交政策と日米中関係（高原明生）／［シンポジウム］中国の安全保障戦略（飯田将史・杉浦康之・井上一郎・神保謙）

第10回大会（平成24.4.22）共通テーマ「組織と戦略」◆［講演］戦略・賢慮・リーダーシップ（野中郁次郎）／［シンポジウム］組織と戦略（寺本義也・小松陽一・坂口大作）

第11回大会（平成25.4.20・21）共通テーマ「戦略とリーダーシップ」◆［講演］災害派遣部隊指揮官のリーダーシップ（河村仁）、松下幸之助の経営哲学とリーダーシップ（佐藤悌二郎）／［シンポジウム］戦略とリーダーシップ（武藤茂樹・箕輪雅美・戸部良一）

第12回大会（平成26.4.26）共通テーマ「危機・リスク・クライシス」◆［講演］東日本大震災対処におけるコマンドコントロール（君塚栄治）、東アジアの安全保障を考える（孫崎享）／［シンポジウム］危機・クライシス・リスク（柳澤協二・首藤信彦・加藤朗）

◎定例研究会（最近の10回分）

R・シュルツ氏「21世紀の新たな脅威と米国の戦略」（22.10.11）／石黒盛久氏「マキアヴェッリ『戦術論』を読む」（22.11.20）／中川十郎氏「ビジネスイ

ンテイジェンスから見た東日本大震災」(23.6.18)／松島悠佐氏・仲摩徹弥氏「神戸大震災から見た東日本大震災の教訓」(23.9.3)／初川満氏「情報と東日本大震災」(23.12.10)／三宅正樹氏「第二次近衛内閣の運命的選択」(24.7.13)／佐藤守男氏「情報戦争の教訓」(24.10.6)／加藤みどり氏・山田敏之氏「経営戦略概論―経営論から〈戦略〉を学ぶ」(25.7.20)／葛原和三氏「機甲戦の理論と歴史―電撃戦理論の形成と日本陸軍への影響を中心に」(25.10.5)／マーチン・ファン・クレフェルト氏「戦略がなければ国家は滅びる―イスラエルの生き残り戦略」(26.7.2)

◎公開講演会
岡崎久彦氏「戦略的思考とは何か」(14.1.18)／郷田豊氏「21世紀日本の安全保障戦略」(14.11.8)／浅野裕一氏「『今文孫子』と『竹簡孫子』の相違」(16.6.12)／中條高徳氏(20.7.19)「『孫子』に学ぶ経営戦略」

◎機関誌『戦略研究』の発行　※詳細は本書巻末に掲載
　①戦略とは何か　②現代と戦略　③新しい戦略論　④戦略文化
　⑤日本流の戦争方法　⑥20世紀の戦争と平和　⑦インテリジェンス
　⑧政軍関係研究の課題　⑨戦略論の新潮流　⑩イノベーション戦略
　⑪戦略的視点からの日中関係　⑫組織と戦略　⑬東アジア戦略の新視点
　⑭戦略とリーダーシップ

◎編集図書の刊行　※書目など詳細は本書巻末に掲載
　『戦略論大系』既刊13冊　〈翻訳叢書〉既刊1冊
　〈ストラテジー選書〉既刊13冊　〈叢書アカデミア〉既刊4冊

4．入会方法
　本学会への入会には理事会の承認が必要です(会則第5条)。
　ホームページの「入会申込フォーム」から手続きできます。
　　戦略研究学会HP　http://www.j-sss.org/
　　事務局　TEL03-3813-4466　FAX03-3813-4615
　　　　　　E-mail: gzc05476@nifty.ne.jp

The Journal of Strategic Studies   No. 15, 2015

Table of Contents

KATO, Akira (Professor at College of Arts and Sciences, Obirin University)
"Security Strategy in Cyberspace"

KONO, Keiko (Senior Fellow, The National Institute for Defense Studies (NIDS))
"International law on Cyber Security"

Thomas Rid (Professor of Security Studies at King's College London.)
"Cyber War Will Not Take Place" (The Journal of Strategic Studies, 2012, February, vol 35, no 1, 5-32, published online in October 2011)

HONDA, Tomoaki (Research Fellow of Japan Society for the Promotion of Science)
"Capacity Building Assistance for Non-Traditional Security Issues by Japan Ministry of Defense:Its Implications for Japan's International Cooperation Policy"

UDONO, Michio (Waseda University Graduate School of Social Sciences)
"Environmental Consideration of Operations and Products: Changes by Sustainable Development Strategy"

YOKOCHI, Norihiro (Lecturer, Hirosaki University)
"Politics of African-American Civil Rights Movement (1955-1957): a study from the viewpoint of smart power"

KATO, Akira (Professor at College of Arts and Sciences, Obirin University)
"Review Essay: *Network Hegemony-The Information Strategy of Empire* (Tuchiya Taiyo)"

GENDA, Takashi (Professor, Defense Studies, National Defense Academy)
"Review Essay: *Pioneers of the Sky in Japan: The Air Development in 18 Years from Meiji to Taisyo* (Arayama Akihisa)"

ONO, Keishi (Head, Defense & Military Economics Program, National Institute for Defense Studies, Ministry of Defense)
"Review Essay: *The Age of Airpower (Japanese edition)* (Martin van Creveld, translation supervised by Genda, Takashi)"

YAMADA, Toshiyuki (Daito Bunka University Professor, Faculty of Business Administration)
"Review Essay: *The Innovation System of China and Vietnam: Strategy for Creation of Innovation with Industrial Cluster, 2ed* (Saisho Tetsuro)"

【執筆者紹介】
加藤　朗／桜美林大学リベラルアーツ学群教授
河野　桂子／防衛省防衛研究所主任研究官
トマス・リッド／ロンドン大学キングス・カレッジ戦争研究学部教授
宮内　伸崇／(株)サイバーディフェンス研究所情報調査部主任分析官
本多　倫彬／(独)日本学術振興会特別研究員PD（慶應義塾大学）
鵜殿　倫朗／早稲田大学大学院社会科学研究科博士後期課程
横地　徳広／弘前大学人文学部専任講師
源田　孝／防衛大学校防衛学教育学群統率・戦史教育室教授
小野　圭司／防衛省防衛研究所社会・経済研究室長
山田　敏之／大東文化大学経営学部教授
福島　康仁／防衛省防衛研究所政策研究部グローバル安全保障研究室研究員
関根　大助／一般社団法人日本戦略研究フォーラム特別研究員
小川　健一／防衛大学校安全保障危機管理教育センター准教授

| 戦略研究学会編集図書案内 | 発行／芙蓉書房出版 |

年報 戦略研究①戦略とは何か　　　　　　　　本体 2,857円
年報 戦略研究②現代と戦略　　　　　　　　　本体 2,857円
年報 戦略研究③新しい戦略論　　　　　　　　本体 2,857円
年報 戦略研究④戦略文化　　　　　　　　　　本体 2,857円
年報 戦略研究⑤日本流の戦争方法　　　　　　本体 3,333円
年報 戦略研究⑥20世紀の戦争と平和　　　　　本体 3,333円

戦略研究⑦インテリジェンス　　　　　　　本体 2,500円
日本における情報史研究の発展のために（中西輝政）／トルーマン政権の対ソ戦略の立案とインテリジェンス（大野直樹）／駐スペイン公使須磨弥吉郎の情報活動とその影響（宮杉浩泰）／インテリジェンス・オーバーサイトの国際比較（奥田泰広）／英インテリジェンス研究のヒストリオグラフィー（橋本 力）／もし敵を撃破できないのであれば、敵に加わるべし（アレッシオ・パタラノ、源田孝訳）／E・H・カーの「国際秩序」構想（角田和弘）／なぜ日本人は戦略的発想が苦手なのか（間宮茂樹）／書評・文献紹介

戦略研究⑧政軍関係研究の課題　　　　　　本体 2,000円
日本の政軍関係（五百籏頭真）／政軍関係研究の回顧と展望（三宅正樹）／戦前日本の政軍関係（戸部良一）／戦略家のための歴史（A・ランバート、矢吹啓訳）／歴史上の紛争を表現するシミュレーション手法（F・セイビン、蔵原大訳）／書評・文献紹介

戦略研究⑨戦略論の新潮流　　　　　　　　本体 2,200円
ロシア軍改革と戦略論の新潮流（小泉 悠）／宇宙利用の拡大と米国の安全保障（福島康仁）／第一次大戦前期の日本外交戦略（渡邉公太）／第一次世界大戦におけるドイツ東アジア巡洋艦隊（大井知範）／環境戦略論（海上知明）／我が国航空機企業における組織能力の構築とマネジメント（福永晶彦・山田敏之）／戦略学「教育」の新潮流（蔵原 大）／書評・文献紹介

戦略研究⑩イノベーション戦略　　　　　　本体 2,200円
ベトナムの地方都市におけるイノベーションの創出に関する一考察（税所哲郎）／産業クラスター内における非営利団体によるイノベーションの促進（竹之内玲子）／「イノベーションのジレンマ」は、何故発生するか（高橋秀幸）／クラウド環境でのEDI活用のための戦略（藤井章博）／中東和平プロセスにおける水問題の位置付け（杉野晋介）／冷戦下自衛隊海外派遣の挫折（加藤博章）／書評・文献紹介

戦略研究⑪戦略的視点からの日中関係　　　本体 2,500円
戦略研究と歴史研究との対話」（戸部良一）／胡錦濤政権の外交政策と日米中関係（高原明生）／尖閣衝突事件と中国の政策決定（井上一郎）／南シナ海における

日本の新たな戦略（下平拓哉）／中国のカード戦略（岩瀧敏昭・華芳）／中国のミサイル戦略と在日米海軍のプレゼンス（トシ・ヨシハラ、石原雄介訳）／オフセット戦略構築におけるカーター政権安全保障チームの役割（永田伸吾）／戦争とスポーツにおける戦略（D.E・カイザー、奥山真司訳）／英国陸軍におけるドクトリンと指揮：歴史的概観（G・シェフィールド、阿部亮子訳）／書評・文献紹介

戦略研究⑫組織と戦略　　　　　　　　　　　　　　本体 2,500円

戦略思考とリーダーシップ（野中郁次郎）／戦略と組織の関係性再考（寺本義也）／有事組織のデザイン・コンセプト（小松陽一）／日本陸軍参謀本部情報組織の形成過程（佐藤守男）／戦争を見る第三の視点（齋藤大介）／ベトナムにおける物流システムの実態と課題に関する一考察（税所哲郎）／企業とNPOの協働事業におけるパフォーマンスのダイナミクス（馮晏）／文献紹介

戦略研究⑬東アジア戦略の新視点　　　　　　　　　本体 2,500円

尖閣問題をめぐる日本の対中戦略（加藤　朗）／英米のオフショア・バランシングと日本の戦略（関根大助）／米国・ASEANの戦略的関係の形成（永田伸吾）／米海軍のアジア太平洋戦略（下平拓哉）／「太平洋戦略」における米国海軍基地開発の特質と役割（堅田義明）／オフショア・コントロール：一つの戦略の提案（トマス・X・ハメス、奥山真司訳）／書評・文献紹介

戦略研究⑭戦略とリーダーシップ　　　　　　　　　本体 2,200円

松下幸之助の経営哲学とリーダーシップ（佐藤悌二郎）／「指導者なきジハード」の戦略と組織（池内　恵）／航空自衛隊における高級幹部のリーダーシップ修得に関する予備的考察（綿森昭示）／戦略研究の過去・現在・未来（奥山真司）／エステ家君主の産業・軍事戦略と理想都市（白幡俊輔）／書評・文献紹介

ストラテジー選書

①兵器の歴史	加藤　朗著	本体	1,600円
②「フロー理論型」マネジメント戦略	小森谷浩志著	本体	1,400円
③アメリカ空軍の歴史と戦略	源田　孝著	本体	1,900円
④ウォルマートの新興市場参入戦略	丸谷雄一郎・大澤武志著	本体	1,600円
⑤企業戦略における正当性理論	山田啓一著	本体	1,700円
⑥ネットワーク社会のビジネス革新	成川忠之著	本体	1,700円
⑦空軍創設と組織のイノベーション	高橋秀幸著	本体	1,900円
⑧ローテーションとマーケティング戦略	赤岡仁之著	本体	1,700円
⑨機甲戦の理論と歴史	葛原和三著	本体	1,900円
⑩自動車のマーケティング・チャネル戦略史	石川和男著	本体	1,800円
⑪地域イノベーション戦略	内田純一著	本体	1,900円
⑫民軍協力(CIMIC)の戦略	小柳順一著	本体	1,900円
⑬イノベーションと研究開発の戦略	玄場公規著	本体	1,900円

戦略論大系

古今東西の戦略思想家の古典を通して、現代における「戦略」とは何かを考える。
収録文献はすべて新訳。注釈、解題を付す。　　①〜⑬各巻　本体 3,800円

①**孫　子**（杉之尾宜生編著）　【品切】

②**クラウゼヴィッツ**（川村康之編著）
『戦争論』全8編の根幹部分を原著初版本から抄録。『皇太子殿下御進講録』（抄録）。

③**モルトケ**（片岡徹也編著）　【品切】

④**リデルハート**（石津朋之編著）　【品切】

⑤**マハン**（山内敏秀編著）　【品切】

⑥**ドゥーエ**（瀬井勝公編著）
『制空』第1編（1921年発表）第2編を全文収録（用語注解付）。

⑦**毛沢東**（村井友秀編著）
『毛沢東選集』より、「中国革命戦争の戦略問題」「実践論」「矛盾論」「持久戦論」「抗日戦争勝利後の時局と我々の方針」を収録。

⑧**コーベット**（高橋弘道編著）
『海洋戦略のいくつかの原則』を全訳（新訳）。

⑨**佐藤鐵太郎**（石川泰志編著）
『国防私説』『帝国国防論』『帝国国防史論』『海軍戦理学』『国防新論』を抄録。

⑩**石原莞爾**（中山隆志編著）
『世界最終戦論』『「世界最終戦論」に関する質疑回答』、『戦争史大観』『戦争史大観の序説』『戦争史大観の説明』を収録。

⑪**ミッチェル**（源田　孝編著）
『空軍による防衛　近代エア・パワーの可能性と発展』を全訳。

⑫**デルブリュック**（小堤　盾編著）
『政治史的枠組みの中における戦争術の歴史』（結論部分の第4巻「近代」から抜粋訳）、『モルトケ』（全訳）、『ルーデンドルフの自画像』（抄録）。

⑬**マキアヴェッリ**（石黒盛久編著）
『君主論』『ディスコルスィ』と並ぶマキアヴェッリの三大政治著作の一つ『戦争の技法』（Arte della guerra）の新訳版を収録。

別巻／戦略・戦術用語事典（片岡徹也他編著）　　本体 2,300円
戦争に関する学問「兵学」にもとづいて、戦略・戦術用語300語余を解説。

翻訳叢書

イギリスと第一次世界大戦　歴史論争をめぐる考察
Brian Bond, *The Unquiet Western Front*.
　　　　　　ブライアン・ボンド著　川村康之訳　石津朋之解説　本体 3,500円
"不必要だった戦争""勝利なき戦争""恐怖と無益な戦争の典型"――イギリスではこうした否定的評価が多いのはなぜか？　反戦映画『西部戦線異状なし』などによってイギリスの軍事的成功が歪められていった過程を鮮明に描く！

叢書アカデミア

①マーケティング戦略論　レビュー・体系・ケース
原田　保・三浦俊彦編著　本体 2,800円

〈既存のマーケティング戦略研究の理論〉と〈現実のビジネス場面でのマーケティング実践〉……この橋渡しとなる実践的研究書。各章とも、「既存の主要研究のレビュー」「独自の戦略体系の提示」「実際のケースで有効性を検証」の3節で構成されている。

②経営戦略の理論と実践
小松陽一・高井　透編著　本体 2,800円

「戦略」「経営戦略」という用語と複雑な経営戦略現象とを架橋し、より生産的な経営戦略の教育と実践の実現を追求する。経営戦略論の代表的な分析パラダイムから、戦略オプションごとの事例解説、考察まで重層的な構成。

③ブランドデザイン戦略　コンテクスト転換のモデルと事例
原田　保・三浦俊彦編著　本体 2,800円

商品・サービス・企業・地域の価値を高めた12の成功事例から学ぶ。競合ブランド間での機能的価値の差がなくなりつつあるいま、単品の機能や品質を向上させる「コンテンツブランディング」では勝ち抜けない。他の商品との組み合わせや消費生活全体の見直しという大きな視点で捉える「コンテクストブランディング」を提唱する。

④コンテクストデザイン戦略　価値発現のための理論と実践
原田　保・三浦俊彦・高井　透編著　本体 3,200円

従来型のビジネスモデルである「もの造り」と「現場依存」からの脱却が求められている。マーケティングやブランド戦略におけるコンテクストデザインの重要性を、11のコンテクストデザイン戦略に基づき12領域の成功事例36件を徹底分析。

戦略研究 15 サイバー領域の新戦略

2015年 1月30日　発行

編　集

戦略研究学会
（会長　戸部良一）
113-0033東京都文京区本郷3-3-13

発　行

㈱芙蓉書房出版
（代表　平澤公裕）
113-0033東京都文京区本郷3-3-13
TEL 03-3813-4466　FAX 03-3813-4615

ISBN978-4-8295-0644-8